Hans Karr

LEGENDÄRE SCHNELLDAMPFER IM WETTLAUF UMS BLAUE BAND

NORD Atlantik *Renner.*

pietsch

Einbandgestaltung:
grafik+design Kornelia Erlewein
Titelmotiv: Schnelldampfer »Augusta Victoria«, Foto: John S. Johnston

Die zur Illustration dieses Buches verwendeten Aufnahmen stammen, wenn nicht anders vermerkt ist, aus dem Archiv des Autors.

Besonderer Dank für die Überlassung von weiterem Bildmaterial geht an die Bibliothek für Zeitgeschichte in Stuttgart, das Internationale Maritime Museum Hamburg in Hamburg, den Deutschen Marinebund in Laboe sowie an die Reederei Hapag-Lloyd in Hamburg. Auch allen anderen Bildgebern sei recht herzlich gedankt.

Bei einigen Fotos konnten die Inhaber der Bildrechte nicht eindeutig ermittelt werden. Verlag und Autor bitten freundlicherweise um Kontaktaufnahme.

Der Leser möge die Bildqualität einiger Abbildungen entschuldigen. Sie ist dem altersbedingten Zustand der Bildvorlagen geschuldet. Eine Haftung des Autors oder des Verlages und seiner Beauftragten für Personen-, Sach- und Vermögensschäden ist ausgeschlossen.

ISBN 978-3-613-50911-5

Ein Unternehmen der Paul Pietsch Verlage GmbH & Co. KG
1. Auflage 2020

Sie finden uns im Internet unter www.pietsch-verlag.de

Lektorat:
Ulrike Ruh
Innengestaltung:
grafik+design Kornelia Erlewein

Druck und Bindung:
Graspo CZ, Zlín
Printed in Czech Republic

DIE SPANNENDE JAGD NACH DEM BLAUEN BAND ENDET ...

... FÜR DIE LUSITANIA IM HAFEN VON NEW YORK

Schnelldampfer

„Fürst Bismarck“

Capitain Barends.

Sonnabend, den 6. Juli 1901.

Graupensuppe.

Gekochter Fisch, Petersiliensauce.

Schmorbraten, Steckrüben,
Kartoffelklösse, Backobst.

Berliner Pfannkuchen,
Chaudeausauce.

Käse, Früchte.

INHALT

Das Blaue Band –

DIE BEGEHRTE TROPHÄE AUF DER NORDATLANTIK-ROUTE

02

01

In der etwa 5000-jährigen Geschichte der Seefahrt bestimmten ausschließlich Naturkräfte – Strömung, Wetter, Wind und Muskelkraft der Besatzung – wie schnell ein Schiff oder Boot sein Ziel erreichen konnte. Dies änderte sich erst mit der Entwicklung der Dampfmaschine vor wenigen hundert Jahren.

Ende des 18. Jahrhunderts gab es die ersten Versuche mit dieser damals innovativen Technik auch Boote und Schiffe anzutreiben. Noch vorhandene technische Grenzen und Unzulänglichkeiten sowie der hohe Kohleverbrauch als auch die Kosten ließen jedoch den Einsatz von Dampfschiffen zunächst nur auf Binnengewässern, Flüssen und in den Küstenregionen zu. Die Überseeschifffahrt blieb weiterhin unangefochten die Domäne der Segelschiffe. Erst in der zweiten Hälfte des 19. Jahrhunderts sollte sich auch dies ändern.

Im Jahre 1819 überquerte mit der amerikanischen »Savannah« erstmals ein mit Dampf angetriebenes Schiff den Atlantik. Der am 22. August 1818 als Vollschiff vom Stapel gelaufene Segler wurde von der im gleichen Jahr gegründeten Savannah Steam Ship Company aufgekauft und mit einer Dampfmaschine ausgerüstet. Diese besaß eine Leistung von 90 PS und trieb zwei seitliche Schaufelräder an. Bei Nichtgebrauch während einer Segelphase konnten diese zusammengeklappt und an Bord genommen werden.

Schnell erkannten jedoch die Verantwortlichen der neuen Reederei, die einen Dampferdienst über den Nordatlantik einrichten wollten, dass das mit 320 BRT vermessene und 30,50 Meter lange Schiff für diesen Zweck nicht geeignet war. Da der Versuch es in den USA zu verkaufen scheiterte, wollte man in Europa diesbezüglich sein Glück versuchen.

02

Am 22. Mai 1819 verließ die »Savannah« den Hafen von Savannah/Georgia mit Ziel Liverpool/England. Für die Überfahrt waren 75 Tonnen Kohle sowie zusätzliches Brennholz an Bord vorhanden. Von den 32 Plätzen für Passagiere war kein einziger gebucht worden. Nach 29 Tagen und 11 Stunden erreichte das Schiff sein Ziel. Allerdings war die Dampfmaschine nur an zwölf Tagen insgesamt 90 Stunden in Betrieb. Die übrige Zeit wurde gesegelt.

Auch in Europa gelang es nicht das Schiff zu verkaufen und nach dem Besuch mehrerer Häfen wurde die Rückreise angetreten. Am 30. November 1819 erreichte die »Savannah« wieder ihren Heimathafen Savannah. Wegen Unwirtschaftlichkeit wurde die Dampfmaschine ausgebaut und das Schiff als Segelschiff weiter genutzt.
Eine zweite Nordatlantikreise mit Dampfantrieb gab es erst wieder im Sommer 1833. Die 53,64 Meter lange und mit 500 BRT vermessene »Royal William« überquerte vom 18. August bis 9. September den Nordatlantik. Mit sieben zahlenden Passagiere an Bord ging die Reise von Pictou/Neuschottland in Kanada nach Cowes/Isle of Wight in Südengland. Auch hier ließ sich auf Dauer kein wirtschaftlicher Erfolg erkennen und das Schiff wurde verkauft.

Das erste Schiff, das ohne Nutzung von Segeln den Atlantik überquerte, war der englische Küstendampfer »Sirius« der British & American Steam Navigation Company. Die »Sirius« hatte eine Länge von 61,00 Meter und war mit 703 BRT vermessen. Ihre Dampfmaschine besaß eine Leistung von 600 PS. Die Besegelung war lediglich als Hilfsantrieb und für Notfälle vorhanden. Die Reise ging mit mehr als 90 Passagieren von Queenstown nach New York und dauerte vom 4. bis 22. April 1838. Die durchschnittliche Geschwindigkeit betrug 8,03 Knoten. Doch dieser Rekord währte nur wenige Stunden. Einen Tag später traf mit der »Great Western« von

03

*01 Die **»Baltic«** der amerikanischen Collins Line gewann im August 1851 mit 12,91 Knoten das Blaue Band. (Foto: Archiv Autor)*

*02 Die **»Savannah«** überquerte 1819 als erstes Schiff mit Unterstützung durch einen Dampfantrieb den Nordatlantik. (Foto: Archiv Autor)*

*03 Die **»Sirius«** überquerte als erstes reines Dampfschiff, lediglich eine Hilfsbesegelung war an Bord noch vorhanden, im April 1838 den Nordatlantik. (Foto: Archiv Autor)*

04

Seemeilen zwischen diesen Punkten wurden durch die gemessene Zeit geteilt und man erhielt so die für das Blaue Band zählende Durchschnittsgeschwindigkeit. Ein Verfahren, das schwer von Außenstehenden zu kontrollieren war. Es zählte die Ehrlichkeit und der sprichwörtliche englische Sportsgeist.

Für das Blaue Band galt es zwei grundlegende Regeln zu beachten:

- **Es musste eine höhere Durchschnittsgeschwindigkeit gelaufen werden als die aktuelle Inhaberin des Blauen Bandes sie vorweisen konnte**
- **Die Rekordfahrt musste von Ost nach West – also von Europa nach Nordamerika – erfolgen**

der konkurrierenden Great Western Steamship Company ein zweiter Dampfer in New York ein. Er war vier Tage später ausgelaufen und hatte somit eine um drei Tage kürze Reisezeit als die »Sirius«. Allerdings hatten nur sieben Passagiere die Überfahrt gebucht. Die Durchschnittsgeschwindigkeit der »Great Western« betrug 8,66 Knoten. Dies ermöglichte eine Dampfmaschine von 750 PS Leistung. Das Schiff hatte eine Länge von 71,92 Meter und eine Vermessung von 1340 BRT.

Mit diesen beiden Schiffen begann nun der Wettlauf um das Blaue Band. Allerdings wurde dieser Begriff zur damaligen Zeit noch nicht verwendet. Man sprach zunächst vielmehr von Rekordfahrten. Erst wesentlich später – wohl gegen Ende des 19. Jahrhunderts – kam er allmählich durch

04 Die **»Great Western«** *war das zweite reine Dampfschiff, das den Nordatlantik überquerte und dabei gleichzeitig den erst einen Tag zuvor aufgestellten Rekord der »Sirius« übertraf. (Foto: Archiv Autor)*

Journalisten, die sich häufig mit den schlagzeilenträchtigen Rekordfahrten befassten, in Umlauf. Er geht vermutlich zurück auf eine gleichnamige Siegestrophäe im englischen Reitsport.

Das Blaue Band ist eine imaginäre Trophäe und wurde auch von keiner Institution verliehen. Es ist lediglich eine Ehrung für das schnellste Schiff mit bezahlenden Passagieren auf der Transatlantik-Route. Gemessen wurde die erreichte Durchschnittsgeschwindigkeit für die Wegstrecke auf dem offenen Ozean.
Hierzu genutzte Messpunkte waren im Osten die Needles Felsklippe auf der Isle of Wight, Eddystone Leuchtturm an der Küste von Cornwall oder der Bishop Rock Leuchtturm auf den Scilly Inseln. Im Westen war vor New York der Sandy Hook Leuchtturm oder das Ambrose Feuerschiff der Endpunkt der Messstrecke.
Waren diese Messmarken beim Passieren querab, so wurde die Zeit gestartet bzw. gestoppt. Die gefahrenen

Letztere Bedingung war der Tatsache geschuldet, dass dies – gegen den Golfstrom und gegen die im Nordatlantik vorherrschenden Westwinde – der schwierigere Kurs war. Natürlich wurden auch in der Gegenrichtung, also auf der leichteren Strecke von Amerika nach Europa, die Rekordfahrten gemessen und registriert. In der Regel handelte es sich jedoch um dieselben Schiffe, die hier Erfolge vorweisen konnten.

Die Erringung des Blauen Bandes stellte sowohl für das Schiff als auch für die Reederei einen bedeutenden Werbeeffekt dar. Es war deshalb heiß begehrt und verzeichnete – sowohl beim Schiff als auch bei der Reederei – einen Anstieg an Interesse und bei den Buchungen.
Auf der anderen Seite war die Trophäe für die Reederei auch eine teure Angelegenheit. Bei den oft nur geringfügigen Geschwindigkeitsdifferenzen stieg bei den hohen Fahrtstufen der hierfür erforderliche Leistungsbedarf rasant an. Es galt alles was irgendwie möglich war den Maschinen abzugewinnen und aus ihnen – zum Teil mit einem um-

fangreichen technischen Aufwand – herauszuholen. Das bedeutete wieder einen höheren Kohleverbrauch respektive in späteren Zeiten einen höheren Ölverbrauch und somit höhere Betriebskosten.

Dem stand entgegen, dass der sich tatsächlich bei der Überfahrt ergebende Zeitgewinn äußerst gering war. Er beschränkte sich auf wenige Stunden. War das Blaue Band einmal gewonnen, blieb man dann in der Regel lieber bei der wirtschaftlicheren und ohnehin schon sehr hohen Dienstgeschwindigkeit. Der Maschinentelegraf lag also schon auf »Full Ahead« oder »Voll Voraus«. Wichtig war vor allen Dingen, dass die Zeiten gemäß Fahrplan eingehalten wurden.

Um der Entwicklung vorzugreifen: Die englische Reederei White Star Line und die deutsche Hamburg-Amerikanische Packetfahrt-Actien-Gesellschaft (Hamburg Amerika Linie, HAPAG) verzichteten, nachdem ihre Schiffe das Blaue Band für sich verbuchen konnten, ganz bewusst auf weitere Rekordversuche. An Stelle dessen legte man jetzt vermehrt Wert auf Luxus, Komfort und Ausstattung der Schiffe, um auf diese Art das potenzielle Reisepublikum zu beeindrucken und zu gewinnen.

Im Mai 1839 gründete der kanadische Geschäftsmann Samuel Cunard zusammen mit einer Gruppe kapitalkräftiger Reeder und Kaufleute die British & North American Royal Mail Steam Packet Company, die unter dem Namen Cunard Line bekannt wurde. Es gelang der Reederei mit der britischen Admiralität einen Vertrag zur Postbeförderung abzuschließen. Mit dieser finanziellen Absicherung konnten bereits 1840 die ersten Schiffe der Linie von Stapel laufen und zeitnah in Dienst gestellt werden. Mehrere Einheiten erzielten in den folgenden Jahren Rekordfahrten und gelten somit als Trägerinnen des Blauen Bandes.

Die Schiffe der Cunard-Reederei waren an einem roten Schornstein mit schwarzer Kappe zu erkennen, Zwei schmale schwarze Ringe kamen 1850 hinzu. Dies hat sich bis heute nicht geändert. Die Schiffsnamen der Reederei endeten traditionell mit »ia«.

Mit der amerikanischen Collins Line erhielt die Cunard Line ab 1850 eine starke Konkurrenz, denn ihre Schiffe übertrafen an Reisekomfort. Mit der »Pacific« (2707 BRT, 90,00 m, 2000 PS, 12 kn) und der »Baltic« (2723 BRT, 90,40 m, 2000 PS, 12 kn) erhielten auch zwei Collins-Schiffe das Blaue Band zugesprochen. Der Untergang der »Arctic« (2856 BRT, 90,80 m, 2000 PS, 12 kn) am 27. September 1854 mit 332 Toten – darunter die Ehefrau und die beiden Kinder des Reeders – war jedoch ein herber Rückschlag für die Reederei.

Das Unglück der »Arctic« sorgte für viel schlechte Presse für die Collins Line. Als im Januar 1856 dann auch noch die »Pacific« mit 186 Menschen an Bord spurlos auf der Reise von Liverpool nach New York verschwand und am Zielhafen nie ankam, bedeutete dies das Ende für die Reederei, die dann 1858 ihren Betrieb einstellte. Nutznießer dieser Ereignisse war die Cunard Line, die nun an ihre alten Erfolge aus den 1840er Jahren erneut anknüpfen konnte.

Der am 3. Juli 1855 vom Stapel gelaufene Dampfer »Persia« (3300 BRT, 121,30 m, 3600 PS, 13 kn) der Cunard Line ist das damals größte Schiff der Welt. Die »Persia« ist weiterhin der erste eiserne Hochsee-Raddampfer. Vom April 1856 bis zum Juli 1863 war sie Trägerin des Blauen Bandes, das sie dann an die »Scotia« (3871, 121,91 m, 4000 PS, 13,5 kn) der eigenen Reederei abgeben musste. Die »Scotia« wiederum ist der letzte gebaute Übersee-Raddampfer.
In den 1860er Jahre gelang der technische Fortschritt bei den Antriebsanlagen. Zweifach-Expansionsdampfmaschinen konnten mit einem Drittel weniger an Kohle leistungsfähig betrieben werden und die Schiffsschraube fand Verwendung als Vortriebsmittel. Diese technischen Neuerungen konnte als erste Reederei die 1869 gegründete Oceanic Steam Navigation Company, die sich dann in White Star Line umbenannte, erfolgreich für sich umsetzen. Mit der »Adriatic« (3868 BRT, 138,42 m, 3000 PS, 14 kn) errang eines ihrer Schiffe im Mai 1872 das Blaue Band.

Drei Jahre später folgte als zweite Trägerin der begehrten Trophäe die »Germanic« (5008 BRT, 142,64 m, 5000 PS, 15 kn). Kennzeichen und Markenzeichen der White Star Line war die rote Reedereiflagge mit dem weißen Stern, der ockerfarbene Schornstein mit schwarzer Kappe und die Endung »ic« bei den Schiffsnamen.
Im September 1875 holte die »City of Berlin« (5491 BRT, 158,49 m, 4800 PS, 15 kn) der Inman Line kurzzeitig das Blaue Band, musste es aber ein Jahr später wieder an die »Britannic« (5004 BRT, 142,64 m, 5000 PS, 15 kn) der White Star abgeben. Die Guion Line war eine weitere Reederei, die sich um das Blaue Band bemühte und mit der »Alaska« (6932 BRT, 158,49 m, 8300 PS, 16 kn) und der »Oregon« (7375 BRT, 158,79 m, 12.500 PS, 17,5 kn) diese Trophäe in den Jahren 1882 und 1884 auch erhielt.

Nicht so erfolgreich war der Norddeutsche Lloyd, der in dieser Zeit mit seinen elf Schnelldampfern der »Flüsse«-Klasse zwar die weltweit größte Schnelldampfer-Flotte besaß, aber vergebliche Versuche zur Erringung der begehrten Trophäe unternahm.
Vielmehr kam 1885 die Cunard Line mit der »Etruria« (7718 BRT, 158,18 m, 14.500 PS, 19 kn) und 1887 mit der »Umbria« (7718 BRT, 158,18 m, 14.500 PS, 19 kn) wieder erneut im Wettlauf nach dem Blauen Band erfolg-

05

05 *Ein Werbeplakat der* **Cunard Line** *aus den 1870er Jahren. (Foto: Cunard)*

06 *Gemälde vom Untergang der* **»Arctic«** *der Collins Line am 27. September 1854. (Foto: George Parker Greenwood)*

reich zum Zuge. Die »Umbria« war zugleich der letzte Ein-Schrauben-Dampfer in diesem Wettbewerb.

Vierzehn Jahre nach dem Triumph mit der »City of Berlin« konnte die Inman Line nochmals für einige Jahre an die Spitze im Nordatlantik-Dienst zurückkehren. Mit der »City of New York« (10.499 BRT, 170,68 m, 18.500 PS, 20 kn). stellte die Rederei im August 1888 den weltweit ersten Zwei-Schrauben-Dampfer in Dienst. Zugleich war die »City of New York« auch das erste Passagierschiff, das mit mehr als 10.000 BRT vermessen war. Angetrieben wurde das Schiff durch zwei Dreifach-Expansionsdampfmaschinen, die jeweils auf eine der beiden Wellen wirkten. Mit diesen Innovationen sowie durch die Verwendung des Werkstoffs Stahl wurde eine neue Ära im Schiff- und Maschinenbau eingeleitet.
Des Weiteren bot der Zwei-Wellen-Antrieb eine erhöhte Sicherheit, denn beim Ausfall einer Maschine war Redundanz vorhanden. Schon so manches Schiff war in den Jahren zuvor bei technischen Problemen in arge Bedrängnis geraten. Maschinenausfälle und Wellenbrüche sowie Schrauben- oder Ruderverluste waren zwar nicht an der Tagesordnung, aber gänzlich auszuschließen waren sie aber auch nicht. Die Möglichkeit im Notfall über Funk Hilfe zu rufen gab es damals noch nicht. Das Blaue Band blieb der »City of New York« jedoch verwehrt. Das Schwesterschiff »City of Paris« konnte hingegen dieses Ziel im Mai 1889 erreichen.

Mit diesen beiden Zwei-Schrauben-Schnelldampfern begann eine glanzvolle Ära und das goldene Zeitalter im Reiseverkehr auf dem Nordatlantik. Die Schiffe wurden immer größer, immer schneller und immer luxuriöser. Luxus, Komfort, Größe und Zuverlässigkeit sowie die Eleganz dieser schwimmenden Superlative zogen das Publikum an. Unter den Reedereien bestand ein unerbitterlicher Konkurrenzkampf um dessen Gunst. Ein Wettstreit um das schönste, schnellste und luxuriöseste Schiff entbrannte. Von Riesenmaschinen, die eine Unmenge an Kohle verbrauchten, angetrieben, jagten sie in den nächsten beiden Jahrzehnten über den Atlantik.

Die »Lucania« (12.952 BRT, 189,57 m, 30.000 PS, 21 kn) der Cunard Line benötigte bei ihrer Höchstgeschwindigkeit am Tag 600 Tonnen Kohle. Die »Lusitania« (31.550 BRT, 239,56 m, 68.000 PS, 25 kn) derselben Reederei verschlang gar 1250 Tonnen. Diese ungeheuren Energiemengen waren auch mit ein Grund für die gewaltigen Ausmaße der Schnelldampfer. Eine riesige Schar von Kohlentrimmer und -zieher war notwendig, um aus den über das Schiff verteilten Kohlebunkern den Brennstoff in harter körperlicher Arbeit in die Kesselräume zu schaffen, wo die Heizer bei großen Raumtemperaturen an den Feuerstellen die Kesselfeuer unterhielten.

Hauptakteure waren die englischen Reedereien Cunard Line und White Star Line sowie in Deutschland der Norddeutsche Lloyd und die Hamburg Amerika Linie.
Die Reedereien standen in unerbitterlicher Konkurrenz zueinander. National betrachtet kann man auch von einem »zivilen Wettrüsten« sprechen, so wie es zeitgleich parallel zwischen der deutschen und der englischen Marine bei den Kriegsschiffen der Fall war.

An Bord herrschte eine strikte Trennung zwischen den Klassen. Die Schiffe waren so konstruiert, dass es nahezu unmöglich war während der Reise von der einen in die andere Klasse zu wechseln.
In der I. Klasse war enorm viel Luxus zu finden. Hier reisten die Firmenbosse, die Industriechefs und der Geldadel. Man war unter seinesgleichen in einem abgesonderten Territorium mit viel Prunk und Glamour.
Für die Reisenden in der II. Klasse gab es in abgestufter Form ebenfalls viel an Komfort und an Reiseannehmlichkeit.
Im Zwischendeck – ganz unten im Bauch der Schiffe – waren die Auswanderer untergebracht. Von der Anzahl

06

her bildeten die Zwischendeckspassagiere – später auch als III. Klasse Passagiere bezeichnet – die größte Gruppe. Für wenig Geld konnten sie den Atlantik überqueren, um in der Neuen Welt ihr Glück zu versuchen. Das Zwischendeck begann aber auch seine Schrecken aus früherer Zeit zu verlieren und die Menschen wurden jetzt bescheiden aber auskömmlich versorgt. Die Unterbringung erfolgte in großen Schlafsälen. Letztendlich war das Massengeschäft der Auswanderung auch ein bedeutender wirtschaftlicher Faktor. Albert Ballin, der Generaldirektor der HAPAG, beschrieb dies einmal mit den Worten »ohne Zwischendeckspassagiere wäre ich innerhalb weniger Wochen bankrott«.

Der Erste Weltkrieg beendete abrupt dieses Zeitalter der Passagierschifffahrt. Die schwimmenden Paläste wurden zu Hilfskreuzern, Truppentransportern und Lazarettschiffen umfunktioniert oder stillgelegt. Manche gingen bei Kriegsereignissen verloren. Die noch verbliebenen deutschen Schiffe mussten nach dem Krieg als Reparationsleistung an die Siegermächte übergeben werden. In der Zwischenkriegszeit kam es nochmals zu einer kurzen Renaissance, die dann der Zweite Weltkrieg wieder zerstörte. Danach kam mit dem Flugzeug eine Konkurrenz zum Tragen, der die klassische Passagierschifffahrt dann endgültig zum Opfer fiel. Statt Tage brauchte man jetzt nur noch Stunden, um von dem einen auf den anderen Kontinent zu kommen. Das Schiff als alleiniges überseeisches Verkehrsmittel hatte damit ausgedient. Die Passagierschifffahrt verlagerte sich von nun an mehr und mehr auf reine Kreuzfahrten. Der Wettstreit um das Blaue Band war somit beendet.

Noch ein Kuriosum am Rande. Es wurde bereits erwähnt, dass das Blaue Band eine imaginäre Trophäe ist und von keiner Institution verliehen wurde. Ein betuchtes englisches Parlamentsmitglied, Harold K. Hales, wollte das Mitte der 1930er Jahre ändern. Er stiftete die »North Atlantic Blue Riband Challenger Trophy«, die auch in Kurzform als »Hales-Trophy« bezeichnet wird. Er gab bei einem Goldschmied einen 45 Kilogramm schweren und anderthalb Meter hohen silbernen Pokal in Auftrag, auf dem die Silhouetten der jeweiligen Trägerinnen des Blauen Bandes eingraviert werden sollten. Mit dem Schnelldampfer »Rex« sollte der Anfang gemacht werden. Als der Pokal endlich angefertigt war, war jedoch die »Normandie« Trägerin des Blauen Bandes. Hales änderte deshalb die ursprünglichen Regeln der Verleihung, um sowohl der »Rex« als auch der »Normandie« gerecht zu werden. Die Cunard Line lehnte später für ihr Schiff »Queen Mary« die Entgegennahme dieses Wanderpokals kategorisch ab. Mit der Zeit verlor man diesen Pokal (siehe Abbildung Seite 21) dann aus den Augen. Der Zweite Weltkrieg machte ihn ohnehin illusorisch.

In den nachfolgenden Kapiteln werden für den Zeitraum ab 1889 bis 1952 die einzelnen Trägerinnen des Blauen Bandes in Reihenfolge ihres Stapellaufdatums in Wort und Bild näher vorgestellt.

Die Angaben in den Tabellen entsprechen in der Regel dem Stand zur Zeit der Indienststellungen. Die Geschwindigkeitsangaben beziehen sich, wenn nicht anders angegeben, auf die Dienstgeschwindigkeiten der Schiffe. Entsprechendes gilt für die Leistungsangaben der Maschinenanlagen. Die maximalen Leistungen sind ergänzend mit aufgenommen. Zusätzlich enthalten sind die legendären Schnelldampfer der White Star Line und der Hamburg Amerika Linie. Diese beiden Reedereien waren zwar freiwillig und aus eigenen Stücken aus dem Rennen ausgeschieden, verblieben aber weiterhin im harten Wettkampf um die Gunst von Passagieren und Auswanderer für ihre nur geringfügig langsameren Schiffe, die ebenfalls viel, wenn nicht sogar mehr, an Luxus und Komfort boten.

07

08

09

10

07 Die ***»Scotia«*** *war der letzte gebaute Übersee-Raddampfer. (Foto: Frederick Whymper)*

08 Ein Gemälde der ***»Adriatic«*** *der White Star Line. (Foto: George Parker Greenwood)*

09 Die ***»Oregon«*** *gewann im April 1884 das Blaue Band. (Foto: Archiv Autor)*

10 Mit der ***»Umbria«*** *gewann wieder ein Schiff der Cunard Line im Mai 1887 die begehrte Trophäe. (Foto: Archiv Autor)*

11 Der Schnelldampfer ***»Britannic«*** *der White Star Line gewann im November 1876 das Blaue Band. (Foto: John S. Johnston)*

12 Die ***»City of New York«****, hier im Baudock zu sehen, war der erste Zwei-Schrauben-Schnelldampfer. (Foto: Archiv Autor)*

13 Die ***»Europa«*** *war ein Schiff der Cunard Line und gewann im Oktober 1848 das Blaue Band. (Foto: Archiv Autor)*

11

12

13

FÜR DIE JAGD NACH DEM BLAUEN BAND GALT DIE VORSCHRIFT …

… VON OST NACH WEST – VON DER ALTEN IN DIE NEUE WELT

15

16

14 Das **Promenadendeck** der I. Klasse auf einem Schnelldampfer des Norddeutschen Lloyd in den 1890er Jahre. (Foto: Archiv Autor)

15 Der kunstvoll hergestellte Wandschmuck im Speisesaal der I. Klasse auf dem Schnelldampfer **»Queen Mary«** zeigt die traditionelle Nordatlantik-Route und Messstrecke für das Blaue Band. (Foto: JD Lasica / CC-BY-SA 2.0)

16 Am 12. August 2010 erinnerte die Deutsche Post mit einer Briefmarken-Ausgabe an den Schnelldampfer **»Aller«** (4964 BRT, 137,30 m, 8000PS, 17 kn), ein Schiff der »Flüsse«-Klasse des Norddeutschen Lloyd. (Foto: Hans Karr)

Die Trägerinnen des Blauen Bandes

»Europa«

»Baltic«

»Oregon«

»Umbria«

von 1838 bis 1889

Schiff	BRT	Zeit	Reederei	Land	von	nach	sm	Tage-Std.-Min.	kn
»Sirius«	703	4. April–22. April 1838	Brit. & Am. (1)	GBR	Queenstown	Sandy Hook	3583	18-14-22	8,03
»Great Western«	1340	8. April–23. April 1838	Great West. (2)	GBR	Avonmouth	New York	3220	15-12-00	8,66 (3)
»Columbia«	1175	4. Juni–15. Juni 1841	Cunard Line	GBR	Liverpool	Halifax	2534	10-19-00	9,78
»Cambria«	1423	19. Juli–29. Juli 1845	Cunard Line	GBR	Liverpool	Halifax	2534	9-20-30	10,71
»America«	1825	3. Juni–12. Juni 1848	Cunard Line	GBR	Liverpool	Halifax	2534	9-00-16	11,71
»Europa«	1834	14. Okt.–23. Okt. 1848	Cunard Line	GBR	Liverpool	Halifax	2534	8-23-00	11,79
»Asia«	2227	18. Mai–27. Mai 1850	Cunard Line	GBR	Liverpool	Halifax	2534	8-14-50	12,25
»Pacific«	2707	11. Sept.–21. Sept. 1850	Collins Line	USA	Liverpool	New York	3050	10-04-45	12,46
»Baltic«	2723	6. Aug.–16. Aug. 1851	Collins Line	USA	Liverpool	New York	3039	9-19-26	12,91 (3)
»Persia«	3300	19. April–29. April 1856	Cunard Line	GBR	Liverpool	Sandy Hook	3045	9-16-16	13,11
»Scotia«	3871	19. Juli–27. Juli 1863	Cunard Line	GBR	Queenstown	New York	2820	8-03-00	14,46
»Adriatic«	3868	17. Mai–25. Mai 1872	White Star Line	GBR	Queenstown	Sandy Hook	2778	7-23-17	14,53
»Germanic«	5008	30. Juli–7. Aug. 1875	White Star Line	GBR	Queenstown	Sandy Hook	2800	7-23-07	14,65 (3)
»City of Berlin«	5491	17. Sept.–25. Sept. 1875	Inman Line	GBR	Queenstown	Sandy Hook	2829	7-18-02	15,21
»Britannic«	5004	27. Okt.–4. Nov. 1876	White Star Line	GBR	Queenstown	Sandy Hook	2795	7-13-11	15,43
»Alaska«	6932	9. April–16. April 1882	Guion Line	GBR	Queenstown	Sandy Hook	2802	7-06-20	16,07 (3)
»Oregon«	7375	13. April–19. April 1884	Guion Line	GBR	Queenstown	Sandy Hook	2861	6-10-10	18,56
»Etruria«	7718	16. Aug.–22. Aug. 1885	Cunard Line	GBR	Queenstown	Sandy Hook	2801	6-05-31	18,73 (3)
»Umbria«	7718	29. Mai–4. Juni 1887	Cunard Line	GBR	Queenstown	Sandy Hook	2848	6-04-12	19,22
»City of Paris«	10.499	2. Mai–8. Mai 1889	Inman Line	GBR	Queenstown	Sandy Hook	2855	5-23-07	19,95 (3)

(1) British & American Steam Navigation Company
(2) Great Western Steamship Company
(3) auf späteren Fahrten wurde die angegebene Geschwindigkeit – zum Teil sogar mehrmals – deutlich verbessert

01 *(Foto: iStock by Getty images / valentinrussanov)*

Die Trägerinnen des Blauen Bandes

»City of Paris«

»Majestic«

»Teutonic««

»Campania«

»Lucania«

»Kaiser Wilhelm der Große«

»Deutschland«

»Kronprinz Wilhelm«

»Lusitania«

»Mauretania«

»Bremen«

»Europa«

»Rex«

»Normandie«

»Queen Mary«

»United States«

01

von 1889 bis 1952

Schiff	BRT	Zeit	Reederei	Land	von	nach	sm	Tage-Std.-Min.	kn
»City of Paris«	10.499	2. Mai–8. Mai 1889	Inman Line	GBR	Queenstown	Sandy Hook	2855	5-23-07	19,95 (5)
»Majestic«	9965	30. Juli–5. Aug. 1891	White Star Line	GBR	Queenstown	Sandy Hook	2777	5-18-08	20,10
»Teutonic«	9984	13. Aug.–19. Aug. 1891	White Star Line	GBR	Queenstown	Sandy Hook	2778	5-16-31	20,35
»Campania«	12.950	18. Juni–23. Juni 1893	Cunard Line	GBR	Queenstown	Sandy Hook	2864	5-15-37	21,12 (5)
»Lucania«	12.952	26. Aug.–31. Aug. 1894	Cunard Line	GBR	Queenstown	Sandy Hook	2787	5-08-38	21,65 (5)
»Kaiser Wilh. d. Gr.«	14.349	30. März–5. April 1898	NDL (1)	DLD	Needles	Sandy Hook	3120	5-20-00	22,29
»Deutschland«	16.502	6. Juli–12. Juli 1900	HAPAG (2)	DLD	Eddystone	Sandy Hook	3044	5-15-46	22,42 (5)
»Kronprinz Wilhelm«	14.908	10. Sept.–16. Sept. 1902	NDL (1)	DLD	Cherbourg	Sandy Hook	3047	5-11-57	23,09
»Lusitania«	31.550	6. Okt.–10. Okt. 1907	Cunard Line	GBR	Queenstown	Sandy Hook	2780	4-19-52	23,99 (5)
»Mauretania«	31.938	26. Sept.–30. Sept. 1909	Cunard Line	GBr	Queenstown	Ambrose	2874	4-10-51	26,06
»Bremen«	51.656	17. Juli–22. Juli 1929	NDL (1)	DLD	Cherbourg	Ambrose	3164	4-17-42	27,83
»Europa«	49.746	20. März–25. März 1930	NDL (1)	DLD	Cherbourg	Ambrose	3157	4-17-06	27,91 (5)
»Rex«	51.062	11. Aug.–16. Aug. 1933	Italia Line	ITA	Gibraltar	Ambrose	3181	4-13-58	28,92
»Normandie«	79.280	30. Mai–3. Juni 1935	C.G. Trans. (3)	FRA	Bishop Rock	Ambrose	2971	4-03-02	29,98 (5)
»Queen Mary«	80.774	20. Aug.–24. Aug. 1936	Cunard Line	GBR	Bishop Rock	Ambrose	2907	4-00-27	30,14 (5)
»United States«	53.329	11. Juli–15. Juli 1952	US Lines (4)	USA	Bishop Rock	Ambrose	2906	3-12-12	34,51

(1) Norddeutscher Lloyd
(2) Hamburg Amerika Linie
(3) Compagnie Générale Transatlantique
(4) United States Lines
(5) auf späteren Fahrten wurde die angegebene Geschwindigkeit – zum Teil sogar mehrmals – deutlich verbessert

01 (Foto: iStock by Getty images / valentinrussanov)

01

Der Wettlauf der legendären Schnelldampfer um das Blaue Band

02

01 (Foto: iStock by Getty images /valentinrussanov)

02 Der kunstvoll hergestellte Pokal mit dem Blauen Band
(Foto: www.the potteries.org)

»City of Paris«

GESCHWINDIGKEIT, KOMFORT UND SICHERHEIT WAREN SUPERLATIVE

01

Mit der »City of Berlin« konnte im September 1875 erstmals ein Schiff der englischen Inman Steamship Company das Blaue Band erringen, musste es aber ein Jahr später an die »Britannic« der White Star Line wieder abgeben. Im Jahre 1887 gab die Reederei zwei Schiffe in Auftrag, die eine neue Zeit im Schiff- und Maschinenbau einleiteten. Als erster dieser Dampfer stellte im August 1888 die »City of New York« in Dienst. Sie war weltweit der erste Passagierdampfer mit einem Zwei-Schrauben-Antrieb. Außerdem überschritt sie erstmals die Grenze von 10.000 BRT und war seiner Zeit das größte Passagierschiff der Welt.

Im April 1889 folgte das identische Schwesterschiff »City of Paris«. Während der »City of New York« das Blaue Band versagt blieb – sie fuhr allerdings im August 1892 in West-Ost-Richtung eine Rekordgeschwindigkeit von 20,11 Knoten – konnte die »City of Paris« das Blaue Band von der »Etruria« der Cunard Line für die Inman Line zurückgewinnen. Gebaut wurde die »City of Paris« auf der Werft J. & G. Thomson in Glasgow, wo sie am 20. Oktober 1888 vom Stapel lief.

Die »City of Paris«, wie auch ihr Schwesterschiff »City of New York«, stellte alles bisher Dagewesene in den Schatten. Schiffsgröße, Maschinenanlage, Geschwindigkeit, Passagierkomfort und Sicherheit waren Superlative.

01 Gemäldedarstellung der ***»City of Paris«*** *unter Dampf und Segeln im Sturm unterwegs. (Foto: A. Jacobsen)*

02 Das Passagierschiff »City of Paris« war ein Schiff der ***Superlative*** *und hatte ein elegantes Aussehen. (Foto: Bibliothek für Zeitgeschichte)*

03 Der lichtdurchflutete große ***Speisesaal*** *der I. Klasse. (Foto: Internationales Maritimes Museum Hamburg)*

02

03

04

»City of Paris«

Reederei	*Inman Line, Liverpool, Großbritannien*
Bauwerft	*J. & G. Thomson, Glasgow, Großbritannien*
Stapellauf	*20. Oktober 1888*
Vermessung	*10.499 BRT*
Länge / Breite	*170,68 m / 19,26 m*
Besatzungsstärke	*362 Personen*
Passagiere	*540 – 200 – 1000 / I. – II. – III. Klasse*
Antrieb	*2 x Dampfmaschine*
Antriebsleistung	*18.000 PS / 18.500 PS (max.)*
Wellen	*2*
Geschwindigkeit	*20 kn*
Blaues Band	*2. Mai – 8. Mai 1889 / 19,95 kn, 22. Aug. – 28. Aug. 1889 / 20,01 kn, 20. Juli – 27. Juli 1892 / 20,48 kn, 13. Okt. – 18. Okt. 1892 / 20,70 kn*

05

04 Auch unter amerikanischer Flagge als »Paris« blieben Schönheit und Eleganz **Markenzeichen des Schiffes**. *(Foto: John S. Johnston)*

05 Das Passagierschiff »City of Paris« vermutlich auf **Reede** *liegend. (Foto: Bibliothek für Zeitgeschichte)*

Der Klippersteven – schiffbaulich zu dieser Zeit eigentlich schon überholt – und die ebenfalls erstmals vorkommenden drei Schornsteine sowie die Formgebung der Aufbauten gaben ihr ein elegantes Aussehen. Die noch vorhandene Takelage diente im Wesentlichen nur der Stabilisierung und der Dämpfung der Schiffsbewegungen bei schwerem Seegang. Das Zwei-Schrauben-System, der Werkstoff Stahl und die Dreifach-Expansionsdampfmaschine waren im Schiff- und Maschinenbau innovative Entwicklungen. Beide Dampfmaschinen brachten zusammen 18.000 PS auf die beiden Wellen und ermöglichten dem mit 10.499 BRT vermessenen Schiff eine Geschwindigkeit von 20 Knoten.

Die Ausstattung der »City of Paris« entsprach einem hohen Niveau. Der Speisesaal der I. Klasse besaß als besondere Attraktion eine Glaskuppel, um das Tageslicht in den Innenraum des Schiffes zu lassen. Die Bäder hatten fließend Warmwasser. Elektrische Ventilatoren sowie elektrisches Licht waren vorhanden. Die Räumlichkeiten der I. und II. Klasse sowie der Rauchsalon und die mit 900 Bänden größte schwimmende Bibliothek waren mit Holz vertäfelt.

Die Jungfernreise der »City of Paris« begann am 3. April 1889 und führte von Liverpool über Queenstown nach New York. Auf der Reise vom 2. bis 8. Mai 1889 gewann das Schiff mit einer Durchschnittsgeschwindigkeit von 19,95 Knoten erstmals das Blaue Band. Dreimal konnte es seinen eigenen Rekord verbessern und dabei die 20-Knoten-Marke brechen.

Im ersten Dienstjahr passierte der »City of Paris« ein spektakulärer Unfall. Bei voller Fahrt brach ihr auf der Heimreise nach Liverpool am 25. März 1890 die Steuerbordwelle. Die nun ohne Belastung durchdrehende Steuerbordmaschine flog auseinander. Die Außenhaut wurde dadurch leck geschlagen und es kam zu einem Wassereinbruch. Das Längsschott zum Backbordmaschinenraum wurde dabei ebenfalls in Mitleidenschaft gezogen. Vom Steuerbordmaschinenraum einströmendes Wasser setzte nun auch die Backbordmaschine außer Betrieb. Der moderne Zwei-Schrauben-Dampfer trieb nun hilflos im Atlantik und musste nach Queenstown eingeschleppt werden. Die anschließende Reparatur dauerte bis zum Mai 1891.

Obwohl die Konkurrenz, die noch Ein-Schrauben-Schiffe betrieb, das gern so gesehen hätte, war diese Havarie jedoch keineswegs ein Gegenargument für den Zwei-Schrauben-Antrieb, denn zwei Vorteile sind für diesen anzuführen:

- fällt eine Welle aus, so hat das Schiff über die zweite Welle immer noch einen Antrieb,
- geht das Ruder in Verlust, so kann das Schiff über die beiden Schrauben gesteuert und manövriert werden.

Die Inman Line wurde 1893 aufgelöst und ihre Schiffe für die amerikanische American Line registriert. Das »City of« wurde aus den Namen gestrichen. Aus der »City of Paris« wurde die »Paris«. Das Schiff blieb weiterhin im Nordatlantik-Dienst eingesetzt. Im Spanisch-Amerikanischen Krieg wurde aus ihm der Hilfskreuzer »Yale« der US Navy. Nach einer Strandung am 21. Mai 1899 konnte das Schiff wieder geborgen werden und wurde anschließend umgebaut. Danach hatte es nur noch zwei Schornsteine und kam mit dem neuen Namen »Philadelphia« in Fahrt. Im Jahre 1918 war das Schiff als Truppentransporter »Harrisburg« im Dienst und danach wieder als Passagierschiff »Philadelphia« im Einsatz. In Genua wurde die ehemalige »City of Paris« 1923 abgebrochen.

»Augusta Victoria«

LUXUS, KOMFORT UND ELEGANZ

01

01 Ein Werbeplakat aus der Zeit um die Jahrhundertwende für Kreuzfahrten mit den ***HAPAG-Schiffen*** *»Auguste Victoria« (Abbildung), »Moltke« und »Prinzessin Victoria Luise«. (Foto: Archiv Autor)*

02 Schnelldampfer ***»Augusta Victoria«.*** *(Foto: John S. Johnston)*

Der Doppelschrauben-Schnelldampfer »Augusta Victoria« war das erste deutsche und nach den englischen Schiffen »City of New York« und »City of Paris« weltweit das dritte Passagierschiff mit Zwei-Schrauben-Antrieb.

Die Kiellegung des bis dahin größten auf einer deutschen Werft gebauten Schiffes erfolgte Anfang 1888 auf der Vulcan Werft in Stettin unter dem Namen »Normannia«. Es war für die Hamburg-Amerikanische Packetfahrt-Actien-Gesellschaft (Hamburg Amerika Linie, HAPAG) bestimmt. Kurz vor dem Stapellauf wurde der Name des Neubaus jedoch auf den Namen der deutschen Kaiserin Auguste Viktoria geändert, lief aber dann als »Augusta Victoria« am 1. Dezember 1888 vom Stapel.

Doch dabei blieb es nicht. Die HAPAG ließ in rascher Folge mit der »Columbia«, der »Normannia« und der »Fürst Bismarck« auf verschiedenen Werften nochmals drei weitere Schiffe bauen. Das Quartett wird, auch wenn die Schiffe nicht vollkommen gleich sind, häufig als »Augusta Victoria«-Klasse bezeichnet. Alle Schiffe stellten bis 1891 in Dienst.

Alles damals technisch Machbare wurde zur Sicherheit des stählernen Drei-Schornstein-Schiffes und zum Wohle der Passagiere eingebaut. Der seiner Zeit innovative Zwei-Wellen-Antrieb gab der »Augusta Victoria« eine erhöhte Manövrierfähigkeit sowie Zuverlässigkeit und Betriebssicherheit. Zwei Dreifach-Expansionsdampfmaschinen mit zusammen 12.000 PS wirkten direkt auf die beiden Wellen und gaben

03 Der ***Stapellauf*** *der »Augusta Victoria« in zeitgenössischen Pressedarstellungen. (Foto: Archiv Autor)*

04

04 *Der Schnelldampfer* ***»Augusta Victoria«*** *auslaufend in New York.*
(Foto: Hapag-Lloyd)

05 *Der Schnelldampfer »Augusta Victoria« bei einem* ***An- oder Ablegemanöver*** *im Hafen.*
(Foto: Hapag-Lloyd)

06 *Der Schnelldampfer »Augusta Victoria« auf einer* ***Pressedarstellung*** *aus dem Jahr 1891.*
(Foto: Archiv Autor)

07 *Die Passagierschiffe* ***»Prinzessin Victoria Luise«*** *(li) und* ***»Auguste Victoria«*** *(re) um die Jahrhundertwende an den HAPAG-Piers in New York. (Foto: Archiv Autor)*

05

06

07

»Augusta Victoria«

Reederei	*HAPAG, Hamburg, Deutschland*
Bauwerft	*A.G. Vulcan, Stettin, Deutschland*
Stapellauf	*1. Dezember 1888*
Vermessung	*7661 BRT*
Länge / Breite	*144,80 m / 16,62 m*
Besatzungsstärke	*245 Personen*
Passagiere	*400 – 120 – 580 / I. – II. – III. Klasse*
Antrieb	*2 x Dampfmaschine*
Antriebsleistung	*12.000 PS / 14.110 PS (max.)*
Wellen	*2*
Geschwindigkeit	*18 kn*

dem Schiff eine Geschwindigkeit von 18 Knoten. An drei Masten war noch eine Hilfsbesegelung mit Schratsegeln vorhanden, die das mit 7661 BRT vermessene Schiff bei schlechtem Wetter stabilisieren sollten. Mechanisch verschließbare Schottentüren dienten der Schiffssicherheit.

Die luxuriöse Innenausstattung, Komfort und Eleganz stellten vieles in den Schatten, was bisher auf Ozeanschiffen vorhanden war. Große, prächtige und mit reichlichen Dekorationen geschmückte Räume sowie Damen-, Musik- und Rauchsalons waren vorhanden. Die elektrische Beleuchtung und eine wirksame Ventilationsvorrichtung stellten damals eine noch recht neuartige Einrichtung dar. Die Passagiere empfanden die Ausstattung der »Augusta Victoria« als das Nonplusultra.
Die »Augusta Victoria« lief am 10. Mai 1889 zu ihrer Jungfernreise von Hamburg über Southampton nach New York aus. Das Blaue Band war ihr jedoch nicht vergönnt. Sie blieb mit ihrer Geschwindigkeit gut einen Knoten hinter der »City of Paris« zurück, die wenige Tage zuvor die begehrte Trophäe gewonnen hatte.

08

09

10

*08 Der prunkvoll ausgestattete Lichtschacht ließ viel Tageslicht in die **Gesellschaftsräume** der I. Klasse einfallen. (Foto: Hapag-Lloyd)*

*09 Der **Speisesaal** der I. Klasse auf der »Augusta Victoria«. (Foto: Hapag-Lloyd)*

*10 Der **Musiksalon** der I. Klasse auf der »Augusta Victoria«. (Foto: Archiv Autor)*

11

11 *Ankunft des Prinzen Heinrich von Preußen, des Hamburger Senats und der Ehrengäste auf der »Augusta Victoria« am 27. Mai 1897 anlässlich der* **Feier zum 50-jährigen Jubiläum der HAPAG**. *(Foto: Rudolf Dührkoop)*

12 *Schnelldampfer* **»Augusta Victoria«.** *(Foto: John S. Johnston)*

12

Am 22. Januar 1891 verließ die »Augusta Victoria« Cuxhaven zu einer zweimonatigen Mittelmeerkreuzfahrt. Mit dieser weltweit ersten reinen Vergnügungsreise begann – zumindest für zahlungskräftige Kunden – das Zeitalter der Kreuzfahrtschiffe. Auch in den Folgejahren wurden zusätzlich zum Nordatlantik-Dienst diese Vergnügungsfahrten von der HAPAG angeboten, wobei die Mittelmeerhäfen und Ausflüge zu den historischen Sehenswürdigkeiten im damaligen Trend lagen. Als Fahrgäste konnten etwa 250 bis 300 Personen eine solche Reise buchen. Mit diesen sogenannten »Exkursionsreisen« war das Schiff in den ansonsten verkehrsschwachen Wintermonaten wieder ausgelastet.

Im Jahre 1897 wurde der Schnelldampfer bei Harland & Wolff in Belfast umgebaut. Neben einer Verlängerung auf 163,42 Meter kam es auch zum Einbau zusätzlicher Kabinen. Die Vermessung stieg auf 8479 BRT an. Der mittlere Mast und die Hilfsbesegelung kamen von Bord, sodass nur noch zwei Masten für das Ladegeschirr übrigblieben.

Außerdem wurde das Schiff in »Auguste Victoria« umbenannt und trug jetzt den fast richtigen Namen der Kaiserin. Das »C« im zweiten Vornamen war weiterhin falsch. Die Kaiserin hieß Viktoria. Niemand hat es gemerkt oder merken wollen.

Da die russische Marine im Krieg gegen Japan Hilfsschiffe und Truppentransporter benötigte, verkaufte die HAPAG die »Auguste Victoria« im Juli 1904 an Russland. Als Hilfskreuzer »Kuban« stellte das Schiff in Dienst. Es erhielt eine Bewaffnung von zwei 12-cm-, vier 7,5-cm- und acht 5,7-cm-Geschützen und verlegte in asiatische Gewässer zum – allerdings erfolglos bleibenden – Handelskrieg. Am 1. Dezember 1906 wurde die »Kuban« aus der Liste der Kriegsschiffe gestrichen und zum Abbruch verkauft, der ab Mai 1907 in Stettin stattfand.

»Teutonic«

UMRÜSTUNG ZUM HILFSKREUZER

01

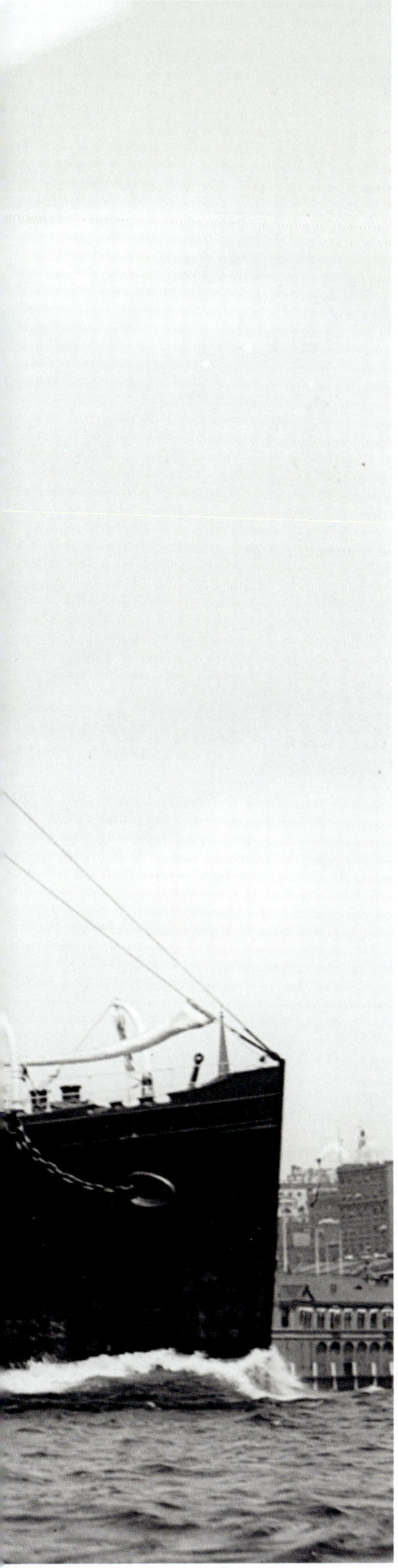

02

01 *Die »**Teutonic**« läuft hohe Fahrt. (Foto: Archiv Autor)*

02 *Der Schnelldampfer »Teutonic« der* **White Star Line**. *(Foto: Bibliothek für Zeitgeschichte)*

In den Jahren 1875 und 1876 hatte die White Star Line mit ihren Schiffen »Germanic« und »Britannic« zum letzten Mal das Blaue Band für sich verbuchen können. Die Schiffe waren Ende der 1880er Jahre immer noch im Dienst, bedurften aber des Ersatzes. Die Reederei nahm auch mit der britischen Admiralität Verhandlungen mit dem Ziel auf, die zu bauenden Schiffe im Kriegsfall der Royal Navy nach schneller Um- und Ausrüstung als Hilfskreuzer zur Verfügung zu stellen. Dort war man von dieser Idee angetan und stellte Subventionen in Aussicht. In dem dann abgeschlossenen Vertrag wurden diese auf jährlich 15 Pfund je Bruttoregistertonne festgelegt.

Mit der ausgesprochenen Absicht das Blaue Band wieder zurückzuerobern bestellte die White Star Line im Frühjahr 1887 bei der Hauswerft Harland & Wolff in Belfast daraufhin die Schwesterschiffe »Teutonic« und »Majestic«. Ersteres lief am 19. Januar 1889 vom Stapel. Die »Majestic« folgte fünf Monate später.

Die »Teutonic« war weltweit der erste Schnelldampfer, dessen Masten keine Rahen mehr trugen. Sie waren nur noch für das Ladegeschirr notwendig. Zwei Schornsteine sorgten für den Rauchabzug der Befeuerung der beiden Dreifach-Expansionsdampfmaschinen. Mit ihren 17.500 PS erreichte das 9984 BRT große Zwei-Schrauben-Schiff 20 Knoten an Geschwindigkeit.

03

Unmittelbar nach ihrer Ablieferung am 25. Juli 1889 wurde die »Teutonic« zum Hilfskreuzer ausgerüstet. Anfang August nahm sie in dieser Funktion an einer Flottenparade teil. Bei den ausländischen Gästen – darunter auch der deutsche Kaiser Wilhelm II, der den Schnelldampfer auch besichtigte – fand das Schiff als solches wie auch die Hilfskreuzer-Idee große Beachtung. Letzteres wurde dann auch von vielen Seefahrernationen als Möglichkeit einer Zweitverwendung für ihre Passagierschiffe übernommen.

Nach einer schnellen Rückrüstung trat bereits am 7. August 1889 die »Teutonic« ihre Jungfernreise von Southampton über Cherbourg nach New York an. Das Blaue Band konnte sie dabei jedoch noch nicht erringen. Erst auf ihrer am 13. August 1891 begonnenen Reise gelang der diesbezügliche Erfolg mit 20,35 Knoten. Die vorherige Trägerin war ihr Schwesterschiff »Majestic«. Es sollte das letzte Mal sein, dass ein Schiff der White Star Line diese Trophäe erwarb.

»Teutonic«

Reederei	*White Star Line, Liverpool, Großbritannien*
Bauwerft	*Harland & Wolff, Belfast, Großbritannien*
Stapellauf	*19. Januar 1889*
Vermessung	*9984 BRT*
Länge / Breite	*177,38 m / 17,61 m*
Besatzungsstärke	*unbekannt*
Passagiere	*300 – 190 – 1000 / I. – II. – III. Klasse*
Antrieb	*2 x Dampfmaschine*
Antriebsleistung	*17.500 PS / 19.500 PS (max.)*
Wellen	*2*
Geschwindigkeit	*20 kn*
Blaues Band	*13. Aug. – 19. Aug. 1891 / 20,35 kn*

04

*03 Die **»Teutonic«** vor Liverpool ankernd. (Foto: Internationales Maritimes Museum Hamburg)*

*04 Die »Teutonic« als **Ankerlieger.** (Foto: Bibliothek für Zeitgeschichte)*

Als die »City of Paris« der Inman Line im Juli 1892 das Blaue Band zurückeroberte, verzichtete die Reederei ganz bewusst auf weitere Rekordversuche. Die Rederei legte jetzt insbesondere Wert auf Luxus, Komfort und Ausstattung ihrer Schiffe, um das potenzielle Reisepublikum zu beeindrucken und zu gewinnen.

Die »Teutonic« blieb bis zu Beginn des Ersten Weltkriegs auf der Nordatlantik-Route der Reederei im Einsatz.

Im September 1914 wurde sie zunächst zum Hilfskreuzer umgerüstet und dann im August 1915 von der britischen Admiralität gekauft. Ab 1918 war die »Teutonic« als Truppentransporter im Einsatz, wurde 1921 aufgelegt und im gleichen Jahr nach Emden zur Verschrottung verkauft.

»Columbia«

DAS ZWEITE SCHIFF DER AUGUSTA-VICTORIA-KLASSE

01

Den Schnelldampfer »Columbia«, zweites Schiff der »Augusta Victoria«-Klasse, hatte die Hamburg-Amerikanische Packetfahrt-Actien-Gesellschaft (Hamburg Amerika Linie, HAPAG) in Großbritannien bauen lassen. Sie entstand bei Laird Brothers in Birkenhead, wo sie nur drei Monate nach der »Augusta Victoria« am 27. Februar 1889 vom Stapel lief bzw. im Trockendock aufschwamm.

Die »Columbia« war mit 7578 BRT etwas kleiner als die »Augusta Victoria«. Die Schiffslänge und Schiffsbreite waren aber nahezu identisch. Auch bei den Schiffssicherheitseinrichtungen, die sich auf dem neuesten technischen Stand befanden, stand sie der Vorgängerin in nichts nach. Der Antrieb des zweiten Zwei-Wellen-Schiffes der HAPAG bestand wieder aus zwei Dreifach-Expansionsdampfmaschinen mit insgesamt 12.500 PS Leistung. Damit erreichte der Passagierdampfer 18 Knoten.

Auf fünf Passagierdecks waren die Fahrgäste untergebracht. Die I. und II. Klasse in Kabinen, die III. Klasse in Schafsälen. Drei Damensalons, zwei Rauchsalons und ein Musiksalon machten die Überfahrt für die I. und II. Klasse recht komfortabel. Der Service, den die Hamburger Reederei ihren Passagieren bot, war nahezu konkurrenzlos.

Die Jungfernreise der »Columbia« begann am 18. Juli 1889 und führte von Hamburg nach New York. Als Anwärterin für das Blaue Band lag sie mit ihrer Geschwindigkeit unter dem damaligen Grenzwert, der von der »City of Paris« mit 19,95 Knoten gehalten wurde.

02

03

01 *Schnelldampfer »**Columbia**« der HAPAG. (Foto: Bibliothek für Zeitgeschichte)*

02–03 *Das Titelblatt einer **Menükarte** wie sie in den 1890er Jahren auf den Schnelldampfern der HAPAG in Gebrauch waren. (Foto: Archiv Autor)*

04 *Der Schnelldampfer »Columbia« **mit hoher Fahrt** auf dem Weg nach Amerika. (Foto: Bibliothek für Zeitgeschichte)*

04

Im Maschinenraum.

05

Dampfsteuerapparat.

06

05 *Eine zeitgenössische Pressedarstellung vom* **Maschinenraum** *der »Columbia«. (Foto: Alexander Kircher)*

06 *Eine zeitgenössische Pressedarstellung von der dampfbetriebenen* **Rudermaschine** *auf der »Columbia«. (Foto: Alexander Kircher)*

Durch den parallelen Bau in Großbritannien und in Deutschland war es der HAPAG möglich geworden, mit der »Augusta Victoria« und der »Columbia« nahezu zeitgleich zwei neue Schnelldampfer in dem Rennen auf dem Nordatlantik einzusetzen.

Zunächst blieb das Schiff auch zunächst im Nordatlantik-Dienst der Reederei. In den Wintermonaten – erstmals im Dezember 1892 – begannen dabei die Reisen in Genua.

Im Juli 1895 unternahm die »Columbia« erstmals eine Kreuzfahrt. Es war eine sogenannte Nordlandfahrt und führte zu dem Nordkap. Bis 1897 folgten weitere Kreuzfahrten. Bei diesen bestand Einschiffungskapazität für etwa 250 Passagiere. Danach begann eine recht wechselvolle Geschichte für das Passagierschiff.

»Columbia«

Reederei	*HAPAG, Hamburg, Deutschland*
Bauwerft	*Laird Brothers, Birkenhead, Großbritannien*
Stapellauf	*27. Februar 1889*
Vermessung	*7578 BRT*
Länge / Breite	*145,00 m / 16,48 m*
Besatzungsstärke	*245 Personen*
Passagiere	*400 – 120 – 580 / I. – II. – III. Klasse*
Antrieb	*2 x Dampfmaschine*
Antriebsleistung	*12.500 PS / 13.700 PS (max.)*
Wellen	*2*
Geschwindigkeit	*18 kn*

07

Im April 1898 nach Spanien verkauft und in »Rapido« umbenannt, kam der Schnelldampfer als Hilfskreuzer und Truppentransporter im Spanisch-Amerikanischen Krieg zum Einsatz. Die HAPAG kaufte im Juli 1899 angesichts der auf dem Nordatlantik rasant ansteigenden Passagierzahlen das Schiff wieder zurück und stellte es erneut als »Columbia« auf der Nordatlantik-Route von Hamburg bzw. von Genua nach New York sowie für Kreuzfahrten in Dienst.

Nach fünf Jahren kam es 1904 zum Verkauf nach Russland. Zum Hilfskreuzer umgerüstet und mit zahlreichen Geschützen bewaffnet nahm das in »Terek« umbenannte Schiff am Russisch-Japanischen Krieg teil. Der Versuch, die »Terek« danach wieder für eine zivile Verwendung rückzurüsten, schlug fehl. Im Jahr 1907 blieb dann nur noch das Abwracken des Schiffes übrig.

08

07 Der im **Rokoko-Stil** *eingerichtete Musiksalon auf der »Columbia«. (Foto: Archiv Autor)*

08 Arbeitsszene an **Oberdeck**. *Die riesigen drehbaren Windhutzen sorgten für eine gute Belüftung des Schiffes. (Foto: Alexander Kircher)*

»Majestic«

DAS SCHWESTERSCHIFF ZUR TEUTONIC

01

03

02

01 *Der Schnelldampfer »**Majestic**« auf dem Weg in die USA. Das Bild zeigt das Schiff nach dem Umbau von 1902/1903. (Foto: Bibliothek für Zeitgeschichte)*

02 *Das **Logo** der White Star Line. (Foto: Archiv Autor)*

03 *Der Schnelldampfer »Majestic« unter großem **Flaggenschmuck**. (Foto: Internationales Maritimes Museum Hamburg)*

Mit der »Majestic« hatte im Frühjahr 1887 die White Star Line ihren zweiten Schnelldampfer bei der Werft Harland & Wolff in Belfast in Auftrag gegeben. Sie war das Schwesterschiff zur »Teutonic«. Fünf Monate nach dieser lief sie am 29. Juni 1889 vom Stapel.

Auch die »Majestic« wurde von der britischen Admiralität subventioniert, um im Kriegsfall auf das Schiff als Hilfskreuzer oder Truppentransporter zurückgreifen zu können.

Die Abmessungen der »Majestic« entsprachen denen der »Teutonic«. Der Antrieb des mit 9965 BRT vermessenen Passagierschiffes erfolgte über zwei Dreifach-Expansionsdampfmaschinen, die jeweils auf eine Welle wirkten und mit ihren insgesamt 17.500 PS dem Schiff eine Geschwindigkeit von 20 Knoten verliehen. Die Ausstattung war wieder sehr luxuriös und komfortabel.

Die am 2. April 1890 begonnene Jungfernreise führte von Liverpool über Queenstown nach New York. Nach etwa einem Jahr holte sich die »Majestic« im Juli/August 1891 mit einer Durchschnittsgeschwindigkeit von 20,10 Knoten das Blaue Band, das sie aber nur wenige Wochen später wieder an ihr Schwesterschiff abgeben musste. Die Trophäe blieb sozusagen in der Familie, aber die White Star Line unternahm in der Folgezeit keine weiteren Versuche, um diese Auszeichnung zu gewinnen. Auch an Rekordfahrten von West nach Ost nahm die Reederei nicht mehr teil. Letztmalig hatte sie im Februar 1876 mit ihrem Schiff »Germanic« eine solche für sich verbuchen können.

Nicht mehr Schnelligkeit und Blaues Band waren in der Geschäftspolitik der White Star Line die Prämissen, sondern Schiffsgröße, Luxus, Komfort und exquisite Ausstattung der schwimmenden Paläste waren jetzt die Zielvorgaben, um das potenzielle Reisepublikum zu beeindrucken, zu gewinnen und als Stammkunde an die Schiffe zu binden. Eine ähnliche Philosophie verfolgte einige Jahre nach der Jahrhundertwende auch die deutsche Hamburg Amerika Linie (HAPAG).
Am 6. September 1899 stellte nach dieser neuen Philosophie mit der »Oceanic« (17.272 BRT, 214,50 m, 28.000 PS, 21 kn) das erste Schiff in Dienst. Bis Mai 1907 folgten die sogenannten »Big Four«. Dies waren die Passagierschiffe »Celtic« (21.035 BRT, 207,53 m, 14.000 PS, 16 kn), »Cedric« (21.035 BRT, 207,53 m, 14.000 PS, 16 kn), »Baltic« (23.876 BRT, 220,98 m, 13.000 PS, 16 kn) und »Adriatic« (24.541 BRT, 222,70 m, 17.000 PS, 17 kn). Nur das Allerbeste kam auf diesen yachtartig aussehenden Schiffsriesen zum Einbau.

04

Ab Juni 1911 folgte mit der »Olympic«-Klasse eine neue Baureihe. Die drei Passagierschiffe »Olympic«, »Titanic und »Britannic« stellten nach und nach in Dienst. Dies waren Schiffe mit einer Vermessung von über 45.000 BRT und einer Geschwindigkeit von maximal »nur« 25 Knoten. Die »Mauritania« der Cunard Line hielt damals das Blaue Band mit 26,06 Knoten. Die »Titanic« sollte im Folgejahr eine traurige Berühmtheit erhalten. In den nachfolgenden Kapiteln wird auf jedes einzelne dieser legendären Schiffe ausführlicher eingegangen.

Im Dezember 1899 beanspruchte vertragsgemäß die Admiralität die »Majestic«. Sie wurde aus dem Liniendienst herausgezogen und kam als Truppentransporter im Burenkrieg zum Einsatz. Diese Verwendung dauerte bis zum März 1900.

In den Jahren 1902/1903 erfolgte bei der Bauwerft der Umbau des Schiffes. Die »Majestic« erhielt neue Kessel, längere Schornsteine und ein Mast kam von Bord. Nach den Umbaumaßnahmen erhöhte sich die Vermessung auf 10.147 BRT.

»Majestic«

Reederei	*White Star Line, Liverpool, Großbritannien*
Bauwerft	*Harland & Wol, Belfast, Großbritannien*
Stapellauf	*29. Juni 1889*
Vermessung	*9965 BRT*
Länge / Breite	*177,38 m / 17,61 m*
Besatzungsstärke	*unbekannt*
Passagiere	*300 – 190 – 1000 / I. – II. – III. Klasse*
Antrieb	*2 x Dampfmaschine*
Antriebsleistung	*17.500 PS / 19.500 PS (max.)*
Wellen	*2*
Geschwindigkeit	*20 kn*
Blaues Band	*30. Juli – 5. Aug. 1891 / 20,10 kn*

05

06

Ab Juni 1907 veränderte sich für die »Majestic« die Reiseroute. Sie fuhr jetzt von Southampton über Cherbourg nach New York. Damit war es der Reederei möglich, auch die Auswandererströme vom europäischen Festland besser abzugreifen. Bis in das Jahr 1911 blieb es bei diesem Routinedienst.

Dann wurde die »Majestic« von der Reederei zum Reserveschiff herabgestuft und aufgelegt. Nach dem Untergang der »Titanic« kam notgedrungen die Reaktivierung. Drei weitere Jahre kreuzte die »Majestic« wieder den Nordatlantik bevor sie im Januar 1914 endgültig aus der Fahrt genommen wurde. Im Sommer 1914 begannen die Abwrackarbeiten an dem Schiff.

04 Die Schnelldampfer ***»Cedric«*** *als Beispiel für die »Big Four«-Schiffe der White Star Line. (Foto: Bibliothek für Zeitgeschichte)*

05 Der Schnelldampfer ***»Majestic«*** *der White Star Line. (Foto: Internationales Maritimes Museum Hamburg)*

06 Der Schnelldampfer »Majestic« läuft eine ***hohe Fahrtstufe****. (Foto: A. Loeffler)*

»Normannia«

ZWEI MAL PRO WOCHE HAMBURG – NEW YORK

01

Zur Absicherung von wöchentlich zwei Abfahrten von Hamburg nach New York, die zu einem wettbewerbsfähigen Liniendienst gehörten, bestellte die Hamburg-Amerikanische Packetfahrt-Actien-Gesellschaft (Hamburg Amerika Linie, HAPAG) mit der »Normannia« und der »Fürst Bismarck« nochmals zwei weitere Drei-Schornstein-Dampfer, die das bisherige Duo von »Augusta Victoria« und »Columbia« verstärken sollten. Am 9. Februar 1890 lief die »Normannia« bei der Fairfield Shipbuilding & Engineering Company in Glasgow vom Stapel.

Die »Normannia« war mit 8716 BRT und 159 Meter Länge etwas größer als ihre beiden Vorgängerinnen. Zu den Sicherheitseinrichtungen zählten wieder ein durchlaufender Doppelboden sowie Längs- und Querschotten, deren Schottentüren von Deck und aus der Maschine mechanisch fernbedient werden konnten. Die Feuerlöscheinrichtungen waren auf technisch neuestem Stand und ließen die Nutzung von Wasser wie auch von Dampf zu.

Der Antrieb bestand aus zwei Dreifach-Expansionsdampfmaschinen, die zusammen 14.840 PS auf die beiden Wellen brachten und so dem Schiff eine Geschwindigkeit von 19 Knoten ermöglichten. Eine Erringung des Blauen Bandes war jedoch mit dieser Geschwindigkeit nicht möglich.

02

01 *Der Schnelldampfer* **»Normannia«** *liegt während einer Kreuzfahrt auf Reede vor Anker. Für eine Ausflugstour werden Fahrgäste ausgeschifft. (Foto: Archiv Autor)*

02 *Der Schnelldampfer »Normannia« schwarz qualmend und* **hohe Fahrt** *laufend. (Foto: Bibliothek für Zeitgeschichte)*

Hamburg-Amerika Linie.

03

Die Ausrüstung und die Ausstattung waren, wie bereits von den beiden vorherigen Schiffen gewohnt, wieder von höchstem Niveau. Ungewöhnlich prunkvolle Einrichtungen, Skulpturen, Schnitzereien und Wandgemälde waren vorhanden.
Die Jungfernreise der »Normannia« begann am 22. Mai 1890 und führte von Hamburg nach New York. Danach blieb das Schiff im Nordatlantik-Dienst der Reederei. Im Winter wurde ab 1895 die Mittelmeerstrecke von Genua nach New York genutzt. Auch Kreuzfahrten in das Mittelmeer, nach Norden bis Spitzbergen oder zu den Westindischen Inseln standen im Programm und waren ein fester Bestandteil des Angebotes der HAPAG.

Im Jahr 1895 nimmt die »Normannia« mit acht 15-cm-, vier 12,5-cm- und zwei 9-cm-Geschütze bewaffnet als erster deutscher Hilfskreuzer für zwei Wochen an einem Flottenmanöver der Kaiserlichen Marine teil. Kaiser Wilhelm II hatte damit wohl seine im Juli 1889 gewonnenen Erkenntnisse bei der Besichtigung der englischen »Teutonic« auch für ein deutsches Passagierschiff umsetzen und erproben lassen. Diese »Einberufung in den Militärdienst« wurde jedoch nicht mehr wiederholt.

Von den 29 an Bord vorhandenen Schlafsälen für die Passagiere der III. Klasse wurden 1896 vier zu Kabinen für II. Klasse Passagiere umgebaut. Entsprechend konnten jetzt 219 Passagiere der II. Klasse, aber nur noch 540 in der III. Klasse untergebracht werden.

Im März 1898 kam es, wie auch bei der »Columbia«, zum Verkauf des Schiffes nach Spanien. Als Hilfskreuzer »Patriota« nahm sie am Spanisch-Amerikanischen Krieg teil. Ein Jahr später erfolgte der Weiterverkauf nach Frankreich. Als »L'Aquitaine« und später als »La Bourgogne« fuhr die ehemalige »Normannia« wieder als Passagierschiff auf der Route Le Havre – New York. Im Jahre 1905 wurde der ehemalige HAPAG-Dampfer aufgelegt und 1906 verschrottet.

»Normannia«

Reederei	*HAPAG, Hamburg, Deutschland*
Bauwerft	*Fairfield Shipbuilding & Engineering Company, Glasgow, Großbritannien*
Stapellauf	*9. Februar 1890*
Vermessung	*8716 BRT*
Länge / Breite	*159,00 m / 17,50 m*
Besatzungsstärke	*280 Personen*
Passagiere	*420 – 172 – 722 / I. – II. – III. Klasse*
Antrieb	*2 x Dampfmaschine*
Antriebsleistung	*14.840 PS / 16.240 PS (max.)*
Wellen	*2*
Geschwindigkeit	*19 kn*

05

06

04

03 *Der Schnelldampfer »Normannia« als Ankerlieger. Zwei* **Kohleleichter** *haben längsseits festgemacht. (Foto: Bibliothek für Zeitgeschichte)*

04 *Schnelldampfer* **»Normannia«.** *(Foto: Hapag-Lloyd)*

05–06 *Das Titelblatt einer* **Menükarte** *wie sie in den 1890er Jahren auf den Schnelldampfern der HAPAG in Gebrauch waren. (Fotos: Archiv Autor)*

»Fürst Bismarck«

DIE LETZTE AUS DEM DREI-SCHORNSTEIN-QUARTETT

01

Mit dem Schnelldampfer »Fürst Bismarck« fand das Drei-Schornstein-Quartett der Hamburg-Amerikanischen Packetfahrt-Actien-Gesellschaft (Hamburg Amerika Linie, HAPAG) seinen Abschluss. Gebaut wurde das Passagierschiff bei der Vulcan Werft in Stettin. Als »Venetia« auf Kiel gelegt, lief es mit dem auf »Fürst Bismarck« geänderten Namen am 29. November 1890 vom Stapel.
Zur Namensgebung vermerkt der Geschäftsbericht der HAPAG: »Seine Durchlaucht der Reichskanzler Fürst Bismarck hat unsere Gesellschaft durch die Erteilung der Erlaubnis ausgezeichnet, diesem Schiffe, dem größten, welches je auf einer deutschen Werft gebaut worden ist, seinen Namen beilegen zu dürfen.« (*)

Die »Fürst Bismarck war mit 8874 BRT vermessen. Das Schiff entsprach, wie auch die anderen drei HAPAG-Schnelldampfer, wieder dem aktuellen technischen Stand und hatte zahlreiche Sicherheitseinrichtungen für Schiff und Passagiere.

Der Antrieb erfolgte durch zwei Dreifach-Expansionsdampfmaschinen. Mit den insgesamt 14.150 PS konnte die »Fürst Bismarck« 20 Knoten erreichen. Der schnellste der vier Doppelschrauben-Dampfer der HAPAG, konnte jedoch ebenfalls nicht das Blaue Band erringen, das seiner Zeit fest in englischem Besitz war.

Ausstattung und Ausrüstung entsprachen der »Augusta Victoria«, der »Columbia« und der »Normannia«. Der Service, den die HAPAG ihren Passagieren bot, war wieder grenzenlos, entsprechend beliebt waren die vier Schiffe bei dem Reisepublikum.

02

Die Jungfernreise führte von Hamburg nach New York und begann am 8. Mai 1891. Aus Sicherheitsgründen fuhren die großen HAPAG-Schiffe, um das enge Elbe-Fahrwasser zu vermeiden, tatsächlich jedoch von Cuxhaven. Dort wurden sie auslaufend wie einlaufend abgefertigt. Für die Passagiere erfolgte der Transfer von und nach Hamburg durch Tenderschiffe bzw. durch die Bahn.

Mit ihren Dampfern bot die HAPAG einen wöchentlichen Liniendienst zwischen den USA und Europa an. Die vier Schiffe versahen ihren Dienst zuverlässig und schnell. In der der Regel benötigten sie für eine Überfahrt fünf oder sechs Tage.

FÜRST BISMARCK

*01 Das Gemälde zeigt die **»Fürst Bismarck«** im Hamburger Hafen. (Foto: Karl Josef Müller)*

*02 Der Schnelldampfer »Fürst Bismarck« auf einer zeitgenössischen **Pressedarstellung**. (Foto: Archiv Autor)*

03

Linie.

H. A. P. A. G.

MENU

Schnelldampfer

„Fürst Bismarck"

Capitain Barends.

Sonnabend, den 6. Juli 1901.

Graupensuppe.

Gekochter Fisch, Petersiliensauce.

Schmorbraten, Steckrüben,
Kartoffelklösse, Backobst.

Berliner Pfannkuchen,
Chaudeausauce.

Käse, Früchte.

05

04

03 Schnelldampfer **»Fürst Bismarck«**. *(Foto: Bibliothek für Zeitgeschichte)*

04 Die »Fürst Bismarck« als österreichisch-ungarisches Kriegsschiff »Gäa« im Marinehafen von **Cattaro** (heute Kotor). *(Foto: Archiv Autor)*

05 Das **Abendmenü** vom 6. Juli 1901 auf der »Fürst Bismarck«. *(Foto: Archiv Autor)*

06 Der Schnelldampfer »Fürst Bismarck« als **Hafenlieger**. *(Foto: Hapag-Lloyd)*

»Fürst Bismarck«

Reederei	*HAPAG, Hamburg, Deutschland*
Bauwerft	*A.G. Vulcan, Stettin, Deutschland*
Stapellauf	*29. November 1890*
Vermessung	*8874 BRT*
Länge / Breite	*159,90 m / 17,00 m*
Besatzungsstärke	*280 Personen*
Passagiere	*420 – 172 – 722 / I. – II. – III. Klasse*
Antrieb	*2 x Dampfmaschine*
Antriebsleistung	*14.150 PS / 16.400 PS (max.)*
Wellen	*2*
Geschwindigkeit	*20 kn*

06

Sie waren so recht nach dem Herzen der reiselustigen und auf Rekorde bedachten Amerikanern.

Ab 1894 fuhr die »Fürst Bismarck« in den Wintermonaten von Genua nach New York. Außerdem war das Schiff in das Kreuzfahrtangebot der HAPAG eingebunden. Etwa 300 Passagiere konnten eine solche Reise buchen. Für eine 36-tägige Mittelmeer- und Orient-Exkursion der »Fürst Bismarck« waren, je nach Unterbringung und Sonderwünschen, zwischen 1800 und 3000 Mark zu bezahlen. Das war damals sehr viel Geld. Dennoch gab es genug wohlhabende Menschen, die sich eine solche Urlaubstour leisten konnten. Für die HAPAG sorgten diese Fahrten jedoch für eine bessere Auslastung der Schiffe, denn üblicherweise war im Winter auf der Nordatlantik-Route immer ein Rückgang bei den Buchungen zu verzeichnen.

Im April 1904, die »Fürst Bismarck war mittlerweile in die Jahre gekommen, erwarb Russland das Schiff. Als Hilfskreuzer ausgerüstet und in »Don« umbenannt, sollte das Schiff im Russisch-Japanischen Krieg in Fernost zum Einsatz kommen. Bis in den Atlantik hat die »Don« es auch geschafft, musste dann aber wegen ständiger Maschinenproblemen wieder umkehren. Als Hilfskreuzer kam sie nicht mehr in Verwendung und wurde im Oktober 1905 aus der Liste der Kriegsschiffe gestrichen.

Zum zivilen Passagierschiff zurückgebaut begann ab April 1907 als »Moskva« eine neue Karriere mit dem Einsatz auf der Strecke Libau – Rotterdam – New York, wobei sich jedoch kein wirtschaftlicher Erfolg einstellte. Der nächste Verkauf stand bald an.

Die Österreichisch-Ungarische Marine erwarb 1909 das Schiff und stellte es nach einem Umbau und Bewaffnung als Begleit- und Mutterschiff für U-Boote unter dem Namen »Gäa« in Dienst. Von Italien beschlagnahmt fuhr es nach Kriegsende – nun als »San Giusto« – wieder als Passagierschiff, bevor es 1924 als letztes Schiff der »Augusta Victoria«-Klasse abgewrackt wurde. Damit endete sein wechselvolles Schiffsleben unter vier Flaggen.

(*) zitiert nach: Witthöft, HAPAG Hamburg-Amerika Linie, Seite 38

»Campania«

30.000 PS, 21 KNOTEN SCHNELL

02

In den 1890er Jahren begann der Kampf um das Blaue Band härter zu werden. Die Passagierschiffe »Umbria« und »Etruria« der Cunard Line bedurften des Ersatzes, wollte die Rederei weithin in der Spitzengruppe des Nordatlantik-Rennens dabei sein. Nach der bisher ausschließlichen britischen Konkurrenz drängten jetzt auch deutsche Reedereien in den Wettbewerb. Mit den Zwei-Schrauben-Schnelldampfern der englischen Inman Line und der deutschen Hamburg Amerika Linie (HAPAG) kamen technisch hochmodernen stählernen Schiffe auf den Markt. Die Cunard Line musste auch diesbezüglich nachziehen und wieder auf den neuesten Stand der Schiffbautechnik kommen.

Im Jahre 1891 vergab man an die Fairfield Shipbuilding & Engineering Company in Glasgow den Auftrag zum Bau von zwei großen, schnellen und überwiegend baugleichen Schiffen. Das erste, die »Campania« lief am 8. September 1892 vom Stapel. Das zweite, die »Lucania«, folgte im Folgejahr am 2. Februar.

01 Der Schnelldampfer ***»Campania«*** *als Hafenlieger. (Foto: Archiv Autor)*

02 Der Schnelldampfer »Campania« in ***Liverpool*** *an der Pier. (Foto: Archiv Autor)*

03

»Campania«

Reederei	*Cunbard Line, Liverpool, Großbritannien*
Bauwerft	*Fairfield Shipbuilding & Engineering Company, Glasgow, Großbritannien*
Stapellauf	*8. September 1892*
Vermessung	*12.950 BRT*
Länge / Breite	*189,57 m / 19,87 m*
Besatzungsstärke	*415 Personen*
Passagiere	*600 – 400 – 1000 / I. – II. – III. Klasse*
Antrieb	*2 x Dampfmaschine*
Antriebsleistung	*30.000 PS / 30.150 PS (max.)*
Wellen	*2*
Geschwindigkeit	*21 kn*
Blaues Band	*18. Juni – 23. Juni 1893 / 21,12 kn, 12. Aug. – 17. Aug. 1894 / 21,44 kn*
Ausrüstung	*Funkstation*

04

03 Der Schnelldampfer »Campania« kurz vor dem Ablegen. Die Schlepper stehen schon für ***Assistenzdienste*** *bereit. (Foto: Bibliothek für Zeitgeschichte)*

04 Der Schnelldampfer ***»Campania«*** *läuft eine hohe Fahrtstufe. (Foto: Archiv Autor)*

Die »Campania« war mit 12.950 BRT vermessen und hatte eine Länge von 189,57 Meter. Für den Bau des Schiffes erhielt die Cunard Line eine Teilfinanzierung durch die britische Admiralität, damit diese ein Mitspracherecht bei besonderen Bauspezifikationen hatte. Im Falle eines militärischen Konflikts sollte es ohne große Umbauten als Hilfskreuzer verwendet werden können.

Der Antrieb erfolgte durch zwei fünfzylindrige Dreifach-Expansionsdampfmaschinen, die mit ihren insgesamt 30.000 PS dem Schiff eine Geschwindigkeit von 21 Knoten ermöglichten. Um dies zu erreichen, mussten 132 Mann Heizerpersonal in schwerer Handarbeit täglich 560 Tonnen an Kohle von den Kohlebunkern herbeischaffen und in die 96 Feuerstellen schaufeln. Die seiner Zeit größten Antriebsmaschinen erstreckten sich über drei Decks. Jede Maschine wurde in einem separaten und wasserdicht abgeschotteten Maschinenraum betrieben. Dies war zum Beispiel eine der Auflagen von der Admiralität.

Bei hohen Fahrtstufen machten sich im Achterschiff der »Campania« Vibrationen störend bemerkbar. Dies war dem damaligen Stand der Dampftechnik geschuldet und trat bei vielen Passagierschiffen auf. Nicht immer gelang es durch schiffbauliche Veränderungen hier eine wirkliche Abhilfe zu schaffen. Man musste mit diesen Unzulänglichkeiten leben. Die Passagiere der I. Klasse waren deshalb auch im Vorschiffsbereich untergebracht, wo diese Unannehmlichkeiten nicht so stark zu spüren waren.

Die Ausstattung bot besonders in der I. Klasse jeden erdenklichen Luxus. Die Kabinen und öffentlichen Räume dieser Klasse waren aufwendig mit Edelhölzern verkleidet

05

und mit Teppichen ausgelegt. Vorhänge aus Samt vor den Bullaugen sowie aufwendig gepolsterte Möbel sorgten für einen angenehmen Aufenthalt. Der Rauchsalon wurde im elisabethanischen Stil eingerichtet und besaß, wie auch die Lounge, einen offenen Kamin. Eine bisher auf einem Schiff noch nie vorhandene Einrichtung. Die Höhe des prunkvoll eingerichteten Speisesaals ging über drei Decks. Die Kinder der I. Klasse hatten einen eigenen Speisesaal.

Mit der »Campania« und dem Schwesterschiff »Lucania« wurden auch erstmals Schiffe der Cunard Line mit Funkgeräten ausgerüstet. Für die Passagiere war jetzt damit die Möglichkeit vorhanden, Telegramme abzusetzen oder zu empfangen.

Die Jungfernreise der »Campania« begann am 22. April 1893 und führte von Livepool über Queenstown nach New York. Im Mai hatte das Schiff eine Rekordreise in West-Ost-Richtung. Es erreichte auf dieser günstigeren Route eine Durchschnittsgeschwindigkeit von 21,30 Knoten. Das Blaue Band, also auf der schwierigeren Ost-West-Strecke, erwarb das Schiff erstmals im Juni 1893 mit 21,12 Knoten.

Im Jahre 1894 kollidierte die »Campania« im St. George Channel im Nebel mit der Bark »Embleton«. Bei der Kollision wurde das Segelschiff regelrecht in zwei Teil zerschnitten und ging unter. Fünf seiner Besatzungsmitglieder fanden dabei den Tod.

Bis 1914 kreuzte der Schnelldampfer »Campania« Jahr für Jahr für die Cunard Line den Nordatlantik. Im Mai und Juni 1914 kam es dann zu einer Vercharterung an die Anchor Line. Danach sollte das mittlerweile in die Jahre gekommene Schiff wegen seines schlechten Zustandes verschrottet werden.

06

Luncheon.

Dame de Saumon, Beurre Montpellier.
Mignons de Sole Cendrillon.
Médaillons de Homard à la Parisienne.

Chaudfroid de Mauviettes Pompadour.
Mousse de Foie Gras Lucullus.
Côtelettes d'Agneau à la Russe.
Galantine de Volailles Truffée.
Pâte à la St. Hubert.
Aspic de Cailles à la Gelée.

Aloyau de Bœuf. Ronde de Bœuf.
Quartier d'Agneau. Pâte de Pigeon.
Galantine de Dindonneaux.
Bœuf à la Moderne. Langue à l'Épicure.
Poulet du Mans au Cresson.
Jambon d'York. Salade Byzantine.

Charlotte Souveraine. Riz à l'Impériale.
Gelée Renaissance. Gâteau Jubilé.
Glace Printanière.

Fruit.

07

Die Admiralität erhob jedoch Einspruch und kaufte am 27. November 1914 die »Campania«. Nach einem Umbau zum Flugzeugträger stellte sie das Schiff im April 1914 wieder unter demselben Namen für die Royal Navy in Dienst. Am 5. November 1918 kam ihr tragisches Ende. Das im Firth of Forth ankernde Schiff vertrieb in einem plötzlich aufkommenden Sturm, rammte zwei Kriegsschiffe, schlug dabei leck und versank. Alle Besatzungsmitglieder konnten von den umliegenden Schiffen gerettet werden.

*05 Das Deckblatt einer **Passagierliste** der »Campania«. (Foto: Archiv Autor)*

*06 Am 26. Juni 1897 nahm die »Campania« an einer **Flottenparade** anlässlich des diamantenen Thronjubiläums von Königin Victoria teil. (Foto: Archiv Autor)*

*07 Ein **Mittagsmenü** auf der »Campania«. (Foto: Archiv Autor)*

»Lucania«

DAS IDENTISCHE SCHWESTERSCHIFF ZUR CAMPANIA

01

Parallel zum Bau seiner identischen Schwester »Campania« entstand der Schnelldampfer »Lucania« der Cunard Line auf der Werft Fairfield Shipbuilding & Engineering Company in Glasgow. Mit den beiden Schiffen wollte die Reederei wieder an die Spitze im Nordatlantik-Dienst kommen und das Blaue Band erringen. Ein knappes halbes Jahr nach der »Campania« lief die »Lucania« am 2. Februar 1893 vom Stapel.

Der Stapellauf war allerdings wegen eines Streiks der Werftarbeiter verzögert worden. Zeitweilig hatten die Nieterkolonnen die Arbeit niedergelegt und wegen der Schwere ihrer Arbeit höhere Löhne verlangt.
Nach dem Stapellauf kam es zu weiteren Verzögerungen bei der Fertigstellung. Die auf der »Campania« aufgetretenen Vibrationen wollte man hier vermeiden. Für schiffbauliche Nachbesserungsarbeiten musste das Schiff in ein Trockendock.

Beim Bau hatte die britische Admiralität wieder ein wichtiges Wort mitzureden. Das Schiff wurde von ihr subventioniert und die schiffbauliche Auslegung musste im Kriegsfall die Nutzung als Hilfskreuzer ermöglichen.

Die »Lucania« war mit 12.952 BRT vermessen und seiner Zeit das größte Schiff der Welt. Als solches löste sie ihre nur wenige Monate ältere Schwester »Campania« ab.

01 Der Schnelldampfer **»Lucania«** *vor der englischen Küste. (Foto: Bibliothek für Zeitgeschichte)*

02 Eine Gemäldedarstellung der **»Lucania«**. *(Foto: Internationales Maritimes Museum Hamburg)*

02

03

»Lucania«

Reederei	*Cunard Line, Liverpool, Großbritannien*
Bauwerft	*Fairfield Shipbuilding & Engineering Company, Glasgow, Großbritannien*
Stapellauf	*2. Februar 1893*
Vermessung	*12.952 BRT*
Länge / Breite	*189,57 m / 19,87 m*
Besatzungsstärke	*415 Personen*
Passagiere	*600 – 400 – 1000 / I. – II. – III. Klasse*
Antrieb	*2 x Dampfmaschine*
Antriebsleistung	*30.000 PS / 30.150 PS (max.)*
Wellen	*2*
Geschwindigkeit	*21 kn*
Blaues Band	*26. Aug.–31. Aug. 1894 / 21,65 kn, 23. Sept.– 28. Sept. 1894 / 21,75 kn, 21. Okt.– 26. Okt. 1894 / 21,81 kn*
Ausrüstung	*Funkstation*

04

*03 Der Schnelldampfer **»Lucania«** auf dem Weg in die USA. (Foto: John S. Johnston)*

*04 Der Schnelldampfer »Lucania« kurz nach dem Auslaufen. Im **Vortopp** ist die amerikanische Flagge – die Flagge des Ziellandes – gesetzt. (Foto: Archiv Autor)*

Der Antrieb war identisch mit dem der »Campania«. Zwei fünfzylindrige Dreifach-Expansionsdampfmaschinen mit zusammen 30.000 PS ermöglichten dem Zwei-Schrauben-Schiff eine Geschwindigkeit von 21 Knoten.

Ausrüstung und Ausstattung der »Lucania« waren wie auch auf ihrer Schwester wieder von höchstem Niveau. Die Kabinen und Salons waren opulent ausgestattet und spiegelten den Stil des viktorianischen Zeitalters wieder.

Die Jungfernreise begann am 2. September 1893 und führte auf der üblichen Cunard Line Route von Liverpool über Queenstown nach New York. Etwa ein Jahr später, auf der Reise vom 26. bis 31. August 1894 gelang es dem Schiff zum ersten Mal, das Blaue Band mit einer Durchschnittsgeschwindigkeit von 21,65 Knoten zu erwerben. Noch zwei Mal konnte die »Lucania« 1894 diesen Wert verbessern und die Trophäe bis zum März 1898 erfolgreich verteidigen. Die »Lucania« hatte somit die letzte Runde im deutsch-englischen Wettstreit in der ersten Hälfte der 1890er Jahre gewonnen. Der deutsche Schnelldampfer »Kaiser Wilhelm der Grosse« sollte sie als Trägerin des prestigeträchtigen Blauen Bandes ablösen.

Die »Lucania« wurde während ihrer gesamten Dienstzeit auf der Route Liverpool – Queenstown – New York eingesetzt. Die »Lucania« und »Campania« galten jahrelang als die wichtigsten Schiffe der Cunard Line. Beide Schiffe waren auch die ersten Schiffe der Reederei, die mit einer Funkanlage ausgerüstet waren.

Mit der »Lusitania« und der »Mauretania« hatte die Reederei Ende 1907 zwei neue Flaggschiffe für ihren Linienverkehr nach Amerika in Dienst gestellt. In Folge wurde im Juli 1909 die »Lucania« in Liverpool aufgelegt. Dort passierte am 14. August 1909 ein folgenschweres Unglück. Das Schiff brannte aus. Noch mit eigener Kraft wurde die »Lucania« nach Swansea in Südwales zum Abwracken überführt.

»Kaiser Wilhelm der Grosse«

NEUESTE TECHNIK SOWIE ELEGANZ UND LUXUS

01

Anfang der 1890er Jahre besaß der Norddeutsche Lloyd (NDL) mit den im vorhergehenden Jahrzehnt gebauten elf Dampfern der »Flüsse«-Klasse weltweit die größte Flotte an schnellen Passagierschiffen. Damit betrieb die Reederei mit drei Abfahrten pro Woche ihren Nordatlantik-Dienst von Bremerhaven nach New York. Diese Einheiten waren jedoch bald von der technischen Entwicklung überholt. Schnelligkeit, technische Sicherheit und luxuriöser Ausstattung der Einschraubenschiffe entsprachen nicht mehr ganz den Wünschen des Reisepublikums. Die Konkurrenzreedereien waren hingegen diesbezüglich besser aufgestellt. Dem NDL drohte mit den mittlerweile zweitklassigen und auch zu kleinen Schiffen der Anschluss an die internationale Entwicklung verloren zu gehen.

Mitte der 1890er Jahre ließ daher der NDL bei der Vulcan Werft in Stettin einen Schnelldampfertyp entwickeln, mit dem das sich abzeichnende wirtschaftliche Desaster vermieden werden sollte. Vier Schiffe, die späteren Schnelldampfer »Kaiser Wilhelm der Grosse«, »Kronprinz Wilhelm«, »Kaiser Wilhelm II« und – mit einem zeitlichen Abstand – »Kronprinzessin Cecilie«, gingen in Auftrag.

Die Investitionen sollten sich dann auch bald für den NDL auszahlen. Die vier Schnelldampfer wurden bei den Reisenden zu den gefragtesten Schiffen, die zugleich neueste Technik, Schnelligkeit und technische Höchstleistung sowie Eleganz und Luxus bieten konnten. Schlagartig hatte eine deutsche Werft und eine deutsche Reederei die Rangordnung in der bisher von England dominierten internationalen Passagierschifffahrt auf den Kopf gestellt.

02

03

01 Der Schnelldampfer ***»Kaiser Wilhelm der Grosse«*** *auf einer Reklameseite des Norddeutschen Lloyd. (Foto: Themistokles von Eckenbrecher)*

02 Der Schnelldampfer »Kaiser Wilhelm der Grosse« auf dem Weg nach ***Amerika****. Im Vortopp weht das Sternenbanner. (Foto: Archiv Autor)*

03 Schnelldampfer »Kaiser Wilhelm der Grosse« unter ***Flaggenschmuck.*** *(Foto: Deutscher Marinebund)*

04

Der dieser Schiffsklasse noch hinzuzurechnende fünfte Schnelldampfer wäre die »Deutschland«. Sie wurde jedoch nicht vom NDL, sondern von dessen innerdeutschen Konkurrenten und Rivalen, der Hamburg-Amerikanischen Packetfahrt-Actien-Gesellschaft (Hamburg Amerika Linie, HAPAG) bereedert und betrieben.

Das erste Schiff dieser Bauserie von Schnelldampfern, die »Kaiser Wilhelm der Grosse«, entstand auf der Vulcan Werft in Stettin und lief am 4. Mai 1897 im Beisein des deutschen Kaisers vom Stapel. Die Namensgebung geht zurück auf Kaiser Wilhelm I, dem Großvater von Kaiser Wilhelm II.

05

04 Eine der **Expansionsdampfmaschinen** *des Schnelldampfers »Kaiser Wilhelm der Grosse«. Im Größenvergleich mit dem danebenstehenden Werftarbeiter sind deren riesigen Ausmaße zu erkennen. (Foto: Archiv Autor)*

05 Der Schnelldampfer »Kaiser Wilhelm der Grosse« beim Einlaufen in New York. Der **Farbanstrich** *im Bugbereich hat während der Überfahrt schwer gelitten. (Foto: Archiv Autor)*

06 Schnelldampfer **»Kaiser Wilhelm der Grosse«.** *(Foto: Bibliothek für Zeitgeschichte)*

Das neue Flaggschiff des Norddeutschen Lloyd war mit 14.349 BRT vermessen und verfehlte mit 197,70 Meter Länge nur knapp die 200-Meter-Marke. Sie war bei Ablieferung das damals größte Schiff der Welt. Die »Kaiser Wilhelm der Grosse« wurde wegen ihrer Dimensionen und Superlative sowie ihrem gewaltigen optischen Eindruck auch bald als »Dicker Wilhelm« oder »Großer Kaiser« bezeichnet.

Das Schiff war etwas topplastig und neigte deshalb im rauen Seegang des Nordatlantiks zu Schlinger- und Rollbewegungen. Damit war auch schon der dritte Spitzname vorgezeichnet. »Rolling Billy« nannten es die Amerikaner. Der generellen Beliebtheit des Schiffes tat dies aber keinen Abbruch.
Markantes äußeres Merkmal des Schnelldampfers waren die paarweise angeordneten vier Schornsteine. Als Antriebsanlagen waren zwei vierzylindrige Dreifach-Expansionsdampfmaschinen eingebaut. Die seinerzeit größten Dampfmaschinen der Welt leisteten 27.000 PS und gaben dem Zwei-Schrauben-Schiff eine Geschwindigkeit von 22 Knoten.

Die Gesellschaftsräume der »Kaiser Wilhelm der Grosse« waren im italienischen Frührenaissance- und im Rokoko-Stil eingerichtet. Rauchsalon, Damensalon, Bibliothek und Schreibzimmer waren unter anderem für die Passagiere der I. Klasse vorhanden. Das Schiff setzte Maßstäbe, was Luxus, Eleganz und Schnelligkeit betraf.

Wie auf jedem Passagierschiff des NDL zählte auch auf der »Kaiser Wilhelm der Große« ein Arzt zur Schiffsbesatzung. Alle Patienten wurden von ihm ohne Entgelt versorgt. Der Schnelldampfer gehörte auch weltweit mit zu den ersten Schiffen, die mit einer Funkanlage ausgerüstet waren.

»Kaiser Wilhelm der Grosse«

Reederei	*Norddeutscher Lloyd, Bremen, Deutschland*
Bauwerft	*A.G. Vulcan, Stettin, Deutschland*
Stapellauf	*4. Mai 1897*
Vermessung	*14.349 BRT*
Länge / Breite	*197,70 m / 20,13 m*
Besatzungsstärke	*488 Personen*
Passagiere	*206 – 226 – 1074 / I. – II. – III. Klasse*
Antrieb	*2 x Dampfmaschine*
Antriebsleistung	*27.000 PS / 31.000 PS (max.)*
Wellen	*2*
Geschwindigkeit	*22 kn*
Blaues Band	*30. März – 5. April 1898 / 22,29 kn*
Ausrüstung	*Funkstation*

06

Der Schnelldampfer »Kaiser Wilhelm der Grosse« trat am 19. September 1897 seine Jungfernreise von Bremerhaven über Southampton nach New York an. Damit begann sein langjähriger Liniendienst im Nordatlantik. Auf der Reise vom 30. März bis 5. April 1898 holte der »Dicke Wilhelm« mit 22,29 Knoten Durchschnittsgeschwindigkeit erstmals für Deutschland das begehrte Blaue Band, das bis 1900 verteidigt werden konnte und dann an die »Deutschland« der HAPAG abgegeben werden musste.

Seit 1856 war die Trophäe unterbrochen in englischer Hand gewesen. Erst 1907 gelang es dem englischen Schnelldampfer »Lusitania« der Cunard Line die Trophäe wieder nach England zurückzuholen. Man nennt diesen Zeitabschnitt in der Geschichte des Blauen Bandes auch deshalb »Das Jahrzehnt der Deutschen«.

Ein tragisches Unglück ereignete sich am 21. November 1906, bei dem das Schiff vor Cherbourg von dem englischen Dampfer »Orinoco« gerammt und erheblich beschädigt wurde. Fünf Passagiere kamen dabei ums Leben.

Im Oktober 1907 verlor die »Kaiser Wilhelm der Grosse« auf der Heimreise von New York nach Bremerhaven das Ruder. Nur mit den Schrauben steuernd erreichte das Schiff dennoch sicher seinen Heimathafen.

Auf der Reise nach New York ging im Dezember 1910 eine Schiffsschraube verloren. Auch hier ein glücklicher Ausgang. Mit einer Welle kam der »Dicke Wilhelm« immer noch auf 17 Knoten an Geschwindigkeit und erreichte mit einem Tag Verspätung New York. Auch die anschließende Heimreise wurde dann ebenfalls mit nur einer Welle – notgedrungen etwas langsamer als üblicherweise gewohnt – durchgeführt.

In den Jahren 1913/1914 wurde der Schnelldampfer zu einem reinen Auswandererschiff umgebaut. Die I. und II. Klasse entfielen. Nun konnte das Schiff 630 Passagiere in der III. Klasse und nochmals 1500 im Zwischendeck – jetzt als IV. Klasse bezeichnet – mitnehmen.

07

Bei Kriegsbeginn befand sich die »Kaiser Wilhelm der Grosse« in Bremerhaven. In der Planung der Marine ohnehin als Hilfskreuzer vorgesehen, wurde der »Große Kaiser« nun diesbezüglich ausgerüstet und schon am 2. August 1914 in Dienst gestellt. Mit sechs 10,5-cm- und zwei 3,7-cm-Geschützen bewaffnet führte das Schiff im Atlantik Handelskrieg und versenkte drei Handelsschiffe. Am 26. August überraschte der englische Kreuzer »Highflyer« die »Kaiser Wilhelm der Grosse« beim Bunkern vor Rio de Oro/Spanisch-Westafrika. Nach einem 90-minütigem Gefecht wurde wegen Munitionsmangels das kaum beschädigte Schiff selbst versenkt. Erst Anfang der 1950er Jahre sind die Reste des auf der Seite liegenden und aus dem Wasser ragenden Wracks verschrottet worden.

08

09

10

11

*07 Der **Speisesaal** der I. Klasse auf dem Schnelldampfer »Kaiser Wilhelm der Grosse«. (Foto: Archiv Autor)*

*08 Der sehr exklusiv eingerichtete **Rauchsalon** der I. Klasse auf dem Schnelldampfer »Kaiser Wilhelm der Grosse«. (Foto: Archiv Autor)*

*09 Das Deckblatt der **Speisekarte** der »Kaiser Wilhelm der Grosse« vom 13. April 1900. (Foto: Archiv Autor)*

*10 Das Deckblatt der **Passagierliste** der »Kaiser Wilhelm der Grosse« vom 15. Juli 1902. Es zeigt neben dem Bild des Namensgebers, Kaiser Wilhelm I, auch den Schnelldampfer beim Einlaufen in New York. (Foto: Oelrichs & Co. Agents)*

*11 Der Schnelldampfer »Kaiser Wilhelm der Grosse« auf einer **Reklameseite** des Norddeutschen Lloyd. (Foto: Themistokles von Eckenbrecher)*

*12 Das auf der Seite liegende **Wrack** des Schnelldampfers »Kaiser Wilhelm der Grosse« wurde erst in den 1950er Jahre abgebrochen und verschrottet. (Foto: Deutscher Marinebund)*

12

»Kaiser Friedrich«

ERREICHT NICHT DIE GEWÜNSCHTE GESCHWINDIGKEIT

01

»Kaiser Friedrich«

Reederei	*Norddeutscher Lloyd, Bremen, Deutschland, HAPAG, Hamburg, Deutschland*
Bauwerft	*Schichau Werft Danzig, Deutschland*
Stapellauf	*5. Oktober 1897*
Vermessung	*12.481 BRT*
Länge / Breite	*182,90 m / 19,40 m*
Besatzungsstärke	*420 Personen*
Passagiere	*400 – 250 – 700 / I. – II. – III. Klasse*
Antrieb	*2 x Dampfmaschine*
Antriebsleistung	*25.000 PS / 28.000 PS (max.)*
Wellen	*2*
Geschwindigkeit	*< 20 kn*

02

01 Als ***»Burdigala«*** *kam die »Kaiser Friedrich« erst 1912 für die französische Reederei Compagnie de Navigation Sud-Atlantique in Fahrt. (Foto: Archiv Autor)*

02 Der Schnelldampfer ***»Kaiser Friedrich«*** *erreichte einfach nicht die vertraglich vereinbarte Geschwindigkeit von 22 Knoten. (Foto: Archiv Autor)*

Neben der Vulcan Werft hatte auch die Schichau Werft in Danzig 1895 vom Norddeutschen Lloyd (NDL) einen Auftrag zur Entwicklung und Bau eines Schnelldampfers erhalten. Er sollte zusammen mit der »Kaiser Wilhelm der Grosse« im Nordatlantik zum Einsatz kommen. Am 5. Oktober 1897 lief die »Kaiser Friedrich« – Namensgeber war der Vater von Kaiser Wilhelm II – vom Stapel.

Bei den Probefahrten erreichte das Schiff jedoch nicht die im Bauvertrag geforderten und vereinbarten 22 Knoten und kam nur auf eine Geschwindigkeit von knapp 20 Knoten. Da die Werft Abhilfe versprach, übernahm der NDL die »Kaiser Friedrich« nur unter Vorbehalt.
Die Jungfernreise von Bremerhaven nach New York begann für das Drei-Schornstein-Schiff am 7. Juni 1898. Die »Kaiser Friedrich« blieb wieder unter der 20-Knoten-Marke. Nach Umbauten fuhr das Drei-Schornstein-Schiff noch dreimal für den Lloyd nach New York, ohne eine höhere Geschwindigkeit zu erreichen.

Weitere Umbauten folgten und der NDL übernahm das Schiff nochmals zur Erprobung. Wieder kam der Dampfer nicht über die 20 Knoten und die Reederei gab daraufhin das Schiff endgültig an die Werft zurück. Die Angelegenheit wurde zum Skandal und die Werft musste vor Gericht eine Niederlage akzeptieren.

Ende 1899 charterte die Hamburg Amerika Linie (HAPAG) das glücklose Schiff und gab es dann ebenfalls nach mehreren Rundreisen wieder an die Werft zurück. Die »Kaiser Friedrich« erreichte einfach nicht die gewünschte Geschwindigkeit und wurde nun endgültig aufgelegt.

Erst im Mai 1912 gelang es der Werft das Schiff an die französische Compagnie de Navigation Sud-Atlantique zu verkaufen. In »Burdigala« umbenannt setzte der neue Eigentümer den Dampfer in seinem Südatlantik-Dienst ein.

Im Ersten Weltkrieg wurde die »Burdigala« von der französischen Marine requiriert, als Truppentransporter ausgerüstet und bewaffnet. Im November 1916 lief die ehemalige »Kaiser Friedrich« im Ägäischen Meer auf eine Mine und sank.

»Deutschland«

01

DER GRIFF NACH DEM BLAUEN BAND ...

02

01 Der Schnelldampfer **»Deutschland«.** *(Foto: Bibliothek für Zeitgeschichte)*

02 Der Schnelldampfer **»Deutschland«** als Hafenlieger. *(Foto: Hapag-Lloyd)*

Mit dem Bau eines neuen Schnelldampfers wollte die Hamburg-Amerikanische Packetfahrt-Actien-Gesellschaft (Hamburg Amerika Linie, HAPAG) ihren Konkurrenten, den Bremer Norddeutschen Lloyd (NDL), übertreffen. Das nach gleicher Bauart wie der im Jahre 1897 an den NDL abgelieferte Schnelldampfer »Kaiser Wilhelm der Grosse« ebenfalls bei der Vulcan Werft in Stettin in Auftrag gegebene Schiff sollte aber zum einen größer, schneller und komfortabler als dieser werden. Zum anderen richtete man in der Reederei auch den Blick auf das Blaue Band. Bisher hatte noch kein Schiff der HAPAG diese begehrte und prestigeträchtige Trophäe erringen können.
Am 10. Januar 1900 lief der auf den Namen »Deutschland« getaufte Vier-Schornstein-Schnelldampfer vom Stapel.

Die mit 16.502 BRT vermessene »Deutschland« war größer und einige Meter länger als die »Kaiser Wilhelm der Grosse«. Sie konnte auch mehr Passagiere mitnehmen. Zwei Vierfach-Expansionsdampfmaschinen mit insgesamt 34.000 PS verliehen dem Zwei-Wellen-Schiff eine Geschwindigkeit von 22,5 Knoten.

Als besondere Neuheit wurde in der Werbung die an Bord vorhandene Dampfheizung und der Turnsaal mit seinen Kraftmaschinen zur körperlichen Ertüchtigung gepriesen. Was die anderweitige Ausstattung betraf, setzte die »Deutschland« Maßstäbe und fand internationale Beachtung.

03

»Deutschland«

Reederei	*HAPAG, Hamburg, Deutschland*
Bauwerft	*A.G. Vulcan, Stettin, Deutschland*
Stapellauf	*10. Januar 1900*
Vermessung	*16.502 BRT*
Länge / Breite	*208,50 m / 20,50 m*
Besatzungsstärke	*557 Personen*
Passagiere	*429 – 226 – 284 / I. – II. – III. Klasse,1000 Zwischendeck*
Antrieb	*2 x Dampfmaschine*
Antriebsleistung	*34.000 PS / 37.800 PS (max.)*
Wellen	*2*
Geschwindigkeit	*22,5 kn*
Blaues Band	*6. Juli – 12. Juli 1900 / 22,42 kn, 26. Aug. – 1. Sept. 1900 / 23,02 kn, 26. Juli – 1. Aug. 1901 / 23,06 kn, 2. Sept. – 8. Sept. 1903 / 23,15 kn*

05

04

03 Der Schnelldampfer **»Deutschland«** *in New York an der Pier liegend. (Foto: Archiv Autor)*

04 Am 12. August 2010 erinnerte die **Deutsche Post** *mit einer Briefmarken-Ausgabe an den Schnelldampfer »Deutschland«. (Foto: Hans Karr)*

05 Die **Marconi-Funkstation** *an Bord des Schnelldampfers »Deutschland«. (Foto: Archiv Autor)*

Die »Deutschland« trat am 4. Juli 1900 ihre Jungfernreise von Cuxhaven nach New York an. Dem Schnelldampfer gelang es auf Anhieb mit einer Durchschnittsgeschwindigkeit von 22,42 Knoten das Blaue Band zu erringen, das bis zu diesem Zeitpunkt der Schnelldampfer »Kaiser Wilhelm der Grosse« des NDL innehatte. Gleich auf der Rückreise verbuchte das Schiff auch noch den Rekord auf der navigatorisch günstigeren West-Ost-Richtung mit 22,84 Knoten. Für die nächsten zwei Jahre sollte die Trophäe des Blauen Bandes bei dem Schiff verbleiben. Zudem gelang es, die Geschwindigkeit noch mehrmals zu verbessern.

Doch dieser Erfolg war teuer erkauft. Die Dampfkessel des Schnelldampfers verschlangen täglich zwischen 500 und 600 Tonnen Kohle. Die auf Höchstleistung getrimmte Maschinenanlage war allerdings störanfällig und vibrierte unter Volldampf, was bei den Passagieren nicht allzu gut ankam und der »Deutschland« den Spitznamen »Cocktail Shaker« eintrug.

Überhaupt war die »Deutschland«, trotz ihrer Erfolge im Wettlauf um das Blaue Band, kein allzu glückhaftes Schiff. Am 22. April 1902 verlor der Schnelldampfer auf der Heimreise bei schwerem Wetter im Atlantik das Ruder. Mit den beiden Schrauben steuernd konnte er in einer seemännischen Meisterleistung der Schiffsführung dennoch mit verminderter Fahrtstufe sicher Cuxhaven erreichen. Bei der Besichtigung des Schadens stellte man zudem noch fest, dass auch der Hintersteven gebrochen war. Als Ursache wurde die Dauerbeanspruchung der Verbände durch die ständigen Vibrationen festgestellt. Die während der anschließenden Reparaturzeit vorgenommen schiffbaulichen und technischen Veränderungen und Verbesserungsarbeiten brachten allerdings nicht den gewünschten Erfolg.

Während der Bremer NDL weiter auf große Schnelldampfer setzte und seine Bauserie der Vier-Schornstein-Schiffe mit der »Kronprinz Wilhelm«, der »Kaiser Wilhelm II« und der »Kronprinzessin Cecilie« fortsetzte, verfolgte die Hamburger HAPAG diesen Weg wegen der enormen Betriebskosten nicht mehr weiter. So blieb die »Deutschland« das erste und auch das einzige Schiff der Reederei, das das Blaue Band erhalten hatte.

Man setzte jetzt bei den kommenden Neubauten vielmehr auf große und luxuriöse Schiffe, auf denen die Passagiere ohne starke Vibrationen die Überfahrt genießen konnten. Den gleichen Weg hatte auch schon einige Jahre zuvor die englische White Star Line eingeschlagen.

Der Kohlefresser »Deutschland« wurde im Oktober 1910 außer Dienst gestellt und umgebaut. Dabei wurden die Maschinen gedrosselt und die Inneneinrichtung für die Zwecke eines Luxus-Kreuzfahrtschiffes hergerichtet. Außerdem kam ein Hallenschwimmbad an Bord.

Die Maschinenleistung betrug jetzt nur noch 15.000 PS. Damit erreichte man eine Geschwindigkeit von 17,5 Knoten. Insgesamt 487 Passagiere der I. Klasse konnten sich nun für eine Kreuzfahrt einschiffen. Am 23. September 1911 stach der ehemalige Schnelldampfer mit neuem weißem Anstrich und unter dem neuen Namen »Victoria Luise« als größtes Kreuzfahrtschiff der Welt von Hamburg aus in See.

06

07

08

09

10

06 Der Schnelldampfer ***»Deutschland«*** *läuft eine hohe Fahrtstufe. (Foto: Bibliothek für Zeitgeschichte)*

07 Der Schnelldampfer »Deutschland« aus **achterlicher Sicht***. (Foto: Archiv Autor)*

08 Der Schnelldampfer »Deutschland«, vermutlich in **New York** *einlaufend. (Foto: A. Loeffler)*

09 Verzierungen im **Rauchsalon** *auf dem Schnellampfer »Deutschland«. (Foto: Karel K.)*

10 Der Schnelldampfer »Deutschland« auf einer **Gemäldedarstellung***. (Foto: Karel K.)*

Mit Beginn des Ersten Weltkriegs waren diese Vergnügungsreisen schlagartig zu Ende. Die »Victoria Luise« wurde von der Kaiserlichen Marine requiriert und als Hilfskreuzer ausgerüstet, aber dann doch nicht eingesetzt. Der Marine war das Schiff zu langsam. Die Kesselanlagen waren für die einst vorhandene Hochleistung nicht mehr ausgelegt.

Von der Kaiserlichen Marine zurückgegeben blieb die »Victoria Luise« bis zum Kriegsende als Auflieger in Hamburg. Der schlechte Zustand rettete sie 1919 vor der Ablieferung an die sonst nicht so wählerisch gewesenen Siegermächte. Sie war damit der einzige größere Dampfer, der nach dem verlorenen Krieg unter deutscher Flagge verbleiben durfte – zwar nicht fahrbereit, aber das musste ja so nicht bleiben.

Bei dem 1920/1921 vorgenommenen Umbau wurden zwei Schornsteine entfernt, die Sicherheitseinrichtungen verbessert und die Passagiereinrichtungen erneut verändert. Die Mitnahme von 36 I.-Klasse- und und 1350 III.-Klasse-Passagieren war jetzt möglich. Das nun wieder schwarz angestrichene Schiff erhielt den neuen Namen »Hansa« und stach am 27. Oktober 1921 erstmals wieder in See.

11

12

11 Der ehemalige Schnelldampfer »Deutschland« wurde nach dem 1920/1921 erfolgten Umbau in **»Hansa«** *umbenannt und besaß jetzt nur noch zwei Schornsteine. (Foto: Bibliothek für Zeitgeschichte)*

12 Modellaufnahme der **Vierfach-Expansionsdampfmaschine** *und ihrer Hilfsaggregate wie sie auf dem Schnelldampfer »Deutschland« eingebaut war. (Foto: Hans Karr)*

13

14

Im Jahre 1922 erfolgten nochmals bauliche Änderungen. Jetzt konnte das im Hamburg-USA-Kanada-Dienst eingesetzte Passagierschiff 224 Passagiere in Kabinen und 1065 in der III. Klasse mitnehmen. Insbesondere Auswanderer waren als Passagiere die Zielgruppe.

Der Einsatz der »Hansa« währte aber nicht mehr allzu lange. Der rund 25 Jahre alte Dampfer war technisch und schiffbaulich aufgebraucht. Zudem geriet er noch durch Schmuggelaktivitäten der Besatzung in die negativen Schlagzeilen. Die »Hansa« ex »Victoria Luise« und ex »Deutschland« wurde im Oktober 1924 aufgelegt und im Mai 1925 zum Abwracken verkauft.

13 *Das* **Einsetzen des Ruders** *während der Bauphase. Im Vergleich mit den Werftarbeitern kann man die ungeheure Dimension des Schiffes erkennen. (Foto: Karel K.)*

14 *Eine der beiden* **Vierfach-Expansionsdampfmaschinen** *des Schnelldampfers »Deutschland«. Sie brachte es auf eine Leistung von 17.000 PS. (Foto: Karel K.)*

15 *Eine Einladungskarte zur* **Probefahrt** *des Schnelldampfers »Deutschland«. (Foto: Archiv Autor)*

15

»Kronprinz Wilhelm«

01

Mit dem Schnelldampfer »Kronprinz Wilhelm« setzte der Norddeutsche Lloyd das mit der »Kaiser Wilhelm der Grosse« begonnene Beschaffungsprogramm von Vier-Schornstein-Dampfern fort. Der Ausfall der »Kaiser Friedrich« musste dringend kompensiert werden. Gebaut wurde das Schiff wieder bei der Stettiner Vulcan Werft, wo der Schnelldampfer am 30. März 1901 vom Stapel lief.

Die »Kronprinz Wilhelm« war bei Ablieferung wieder das modernste Passagierschiff der Zeit und beeindruckte durch seine formschöne Linienführung, die markant von den vier Schornsteinen geprägt wurde.

Beim Bau des mit 14.908 BRT vermessenen Passagierschiffes wurde wieder besonderer Wert auf die technischen Sicherheitseinrichtungen gelegt. Im Notfall ließen sich zum Beispiel die Schottentüre elektrisch fernbedienen.

02

03

04

01 Der in den USA internierte Schnelldampfer **»Kronprinz Wilhelm«** *wird zu einem neuen Liegeplatz geschleppt. (Foto: Harris & Ewing)*

02 Der Schnelldampfer »Kronprinz Wilhelm« des **Norddeutschen Lloyd.** *(Foto: Archiv Autor)*

03 Die »Kronprinz Wilhelm« an der **Pier in New York**. *Auf der Überfahrt hat die Farbe am Bug des Schnelldampfers schwer gelitten. (Foto: Archiv Autor)*

04 Der Schnelldampfer »Kronprinz Wilhelm« bei einem **Anlegemanöver**. *(Foto: Archiv Autor)*

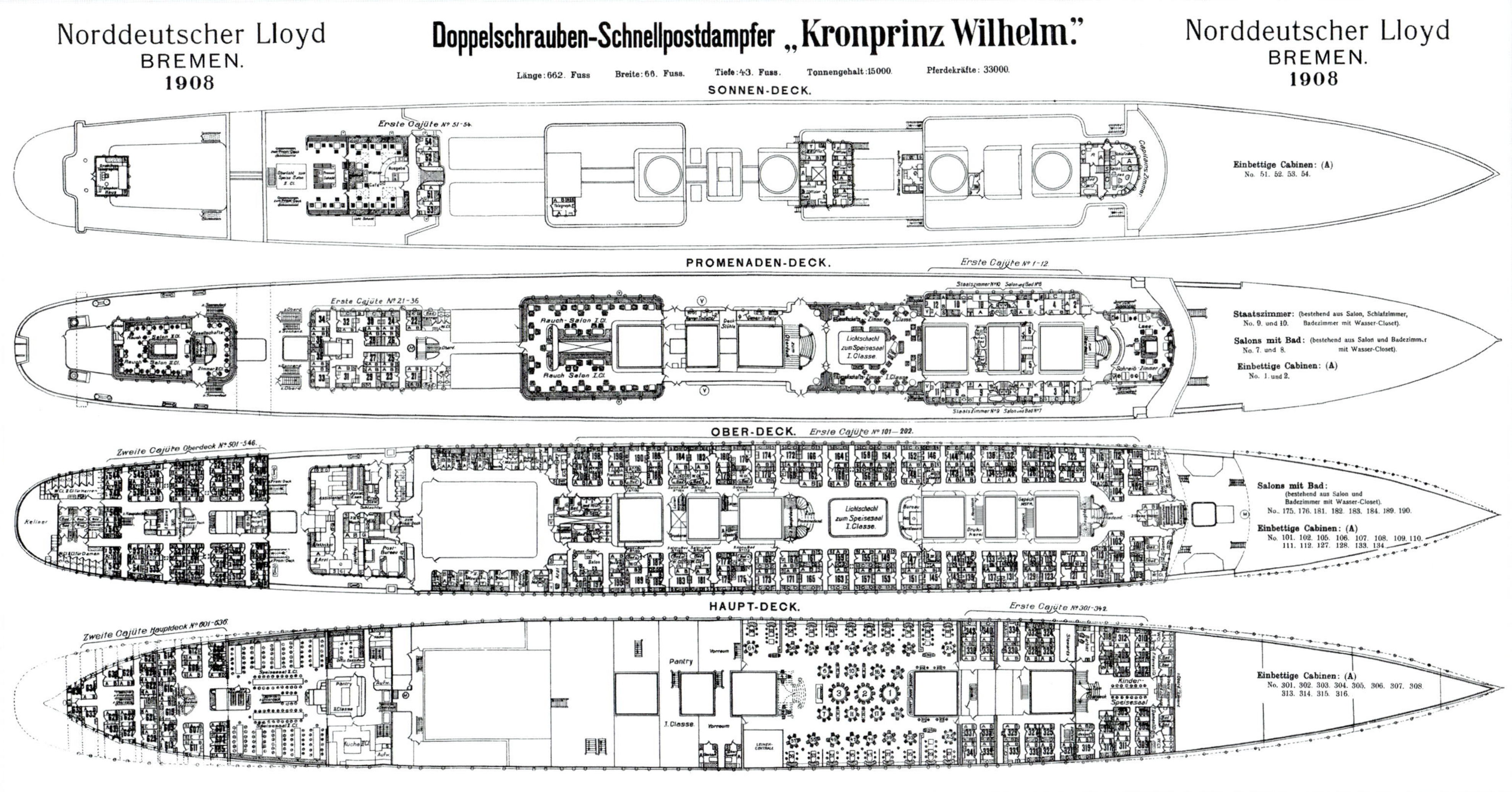

05

06

05 Die **Pläne der Passagierdecks** der I. und II. Klasse auf dem Schnelldampfer »Kronprinz Wilhelm« (Foto: Norddeutscher Lloyd).

06 Der Schnelldampfer **»Kronprinz Wilhelm«** passiert beim Einlaufen nach Bremerhaven den Leuchtturm Roter Sand in der Deutschen Bucht. (Foto: Archiv Autor)

»Kronprinz Wilhelm«

Reederei	*Norddeutscher Lloyd, Bremen, Deutschland*
Bauwerft	*A.G. Vulcan, Stettin, Deutschland*
Stapellauf	*30. März 1901*
Vermessung	*14.908 BRT*
Länge / Breite	*202,17 m / 20,20 m*
Besatzungsstärke	*528 Personen*
Passagiere	*301 – 300 – 717 / I. – II. – III. Klasse*
Antrieb	*2 x Dampfmaschine*
Antriebsleistung	*33.000 PS / 36.000 PS (max.)*
Wellen	*2*
Geschwindigkeit	*22,5 kn*
Blaues Band	*10. Sept. – 16. Sept. 1902 / 23,09 kn*

Das Schiff besaß 18 hölzerne Rettungsboote mit Luftkästen, die über Dampf betriebene Bootswinden zu Wasser gelassen werden konnten.
Der Schnelldampfer war mit zwei sechszylindrigen Vierfach-Expansionsdampfmaschinen ausgerüstet, die zusammen 33.000 PS auf die beiden Antriebswellen brachten und damit 6.000 PS mehr an Leistung aufwiesen als das

07

08

09

10

*07 Der **Hilfskreuzer** »Kronprinz Wilhelm« im April 1915 in Newport News. (Foto: US Navy)*

*08 Ein Blick nach achtern über die **Rettungsboote** und das **Sonnendeck** des Schnelldampfers »Kronprinz Wilhelm«. (Foto: Archiv Autor)*

*09 Der amerikanische Truppentransporter »Von Steuben« ex »Kronprinz Wilhelm« im Juni 1918 mit **Tarnanstrich** an der Pier. (Foto: US Navy)*

*10 Der **Truppentransporter »Von Steuben«** am 1. September 1919 beim Anlegen in New York, als er amerikanische Soldaten aus Frankreich nach Hause brachte. (Foto: US Navy)*

06

Vorgängerschiff. Die Maschinenanlage ermöglichte eine Geschwindigkeit von 22,5 Knoten.

Für die vermögenden Passagiere der I. Klasse gab es wieder jeden erdenklichen Luxus. Exquisit ausgestattete Wohnkabinen und die zahlreich vorhandenen Gesellschaftsräume waren regelrechte Publikumsmagnete. Der Prunk, den reiche Amerikaner verlangten und für den sie auch bereit waren zu zahlen, kannte keine Grenzen. Auch die anderen Klassen waren ihrer Einstufung entsprechend einfacher, aber dennoch gut ausgestattet.

Bemerkenswert ist die für damaligen Verhältnisse umfangreiche Anwendung von elektrischen Einrichtungen. Hierzu zwei Beispiele: Im Raucherzimmer der I. Klasse gab es elektrische Zigarrenanzünder. In den I.-Klasse-Kabinen waren erstmals elektrische Ventilatoren und Telefone vorhanden.

Am 17. September 1901 trat die »Kronprinz Wilhelm« ihre Jungfernreise an. Sie führte von Bremerhaven über Southampton und Cherbourg nach New York. Im September 1902 gelang es der »Kronprinz Wilhelm« mit 23,09 Knoten Durchschnittsgeschwindigkeit dem Schnelldampfer »Deutschland« der Hamburger Konkurrenzreederei HAPAG diese begehrte Trophäe zu entreißen. Ein Jahr später war sie jedoch wieder an diesen zurückzugeben.

Das Schiffsleben des im Nordatlantik-Dienst der Reederei eingesetzten luxuriösen Schnelldampfers war ansonsten wenig spektakulär und verlief ruhig, was sich dann mit dem Ausbruch des Ersten Weltkriegs schlagartig ändern sollte. Am 3. August 1914 verließ die »Kronprinz Wilhelm« mehr oder weniger fluchtartig ihren Liegeplatz in New York, wo

11

11 Blick vom **Vorschiff** *in Richtung Brücke des Schnelldampfers »Kronprinz Wilhelm«. (Foto: Archiv Autor)*

12 Das **Musikzimmer** *auf dem Schnelldampfer »Kronprinz Wilhelm«. (Foto: Archiv Autor)*

13 Die **Postkartendarstellung** *zeigt die Anlegepiers des Norddeutschen Lloyd in New York/Hoboken. (Foto: John C. Voigt)*

12

13

sie sich gerade fahrplanmäßig aufgehalten hatte. Wie ihr Schwesterschiff »Kaiser Wilhelm der Grosse« war auch sie von der Kaiserlichen Marine requiriert worden.
Das Schiff lief mit hoher Fahrt nach Süden zu einem Treffpunkt mit dem Kleinen Kreuzer »Karlsruhe«. Es folgten die Ausrüstung als Hilfskreuzer und die Bewaffnung mit zwei 8,8-cm-Geschützen.

Außerdem stieg militärisches Personal von dem Kleinen Kreuzer auf das Passagierschiff über. In dem anschließend im Mittel- und Südatlantik geführten Handelskrieg versenkte die »Kronprinz Wilhelm« insgesamt 15 Handelsschiffe.

Die zu Ende gegangenen Proviant- und Kohlevorräte und der reparaturbedürftige technische Zustand des Schiffes zwangen zum Abbruch des Handelskrieges. Die »Kronprinz Wilhelm« lief am 10. April 1915 den Hafen von Newport News in der damals noch neutralen USA an. Kurze Zeit später wurde das Schiff dort interniert.

Nach dem Kriegseintritt der USA erfolgte im April 1917 die Beschlagnahmung und im Juni die Umbenennung in »Von Steuben«. Für die amerikanische Marine diente die »Von Steuben« nun als Truppentransporter. Nach dem Krieg brachte sie amerikanische Soldaten von Europa wieder zurück in die USA. Im Oktober 1919 wurde das Schiff aufgelegt. Da sich keine weitere Verwendung ergab – Pläne, das Schiff als schwimmende Ausstellung amerikanischer Produkte auf Weltreise zu schicken, ließen sich nicht umsetzen – erfolgte ab 1923 der Abbruch des ehemaligen Schnelldampfers »Kronprinz Wilhelm«.

»Kaiser Wilhelm II«

ELEGANTE BAROCKE AUSSTATTUNG

02

01 **Einweisung** *der Passagiere in die Rettungsboote und den Gebrauch der Rettungsmittel auf dem Schnelldampfer »Kaiser Wilhelm II«. (Foto: Archiv Autor)*

02 *Der* **Truppentransporter »Agamemnon«** *ex »Kaiser Wilhelm II« auf dem Weg nach Frankreich. (Foto: Archiv Autor)*

Nach dem Zulauf der »Kronprinz Wilhelm« besaß der Norddeutsche Lloyd ein Schnelldampfer-Trio, das eine beherrschende Stellung im Nordatlantik-Verkehr einnahm. Gebaut wurde das Schiff auf der Vulcan Werft in Stettin. Im Beisein seines Namensgebers Kaiser Wilhelm II lief der neue Schnelldampfer am 12. August 1902 dort vom Stapel.

Die bereits gemachten Erfahrungen mit den Schnelldampfern »Kaiser Wilhelm der Grosse« und »Kronprinz Wilhelm« flossen in den Bau des neuen Schiffes mit ein. In der Silhouette ähnelte es diesen beiden, besaß jedoch drei Masten.

03

03 Der Schnelldampfer »Kaiser Wilhelm II« war im **Wettkampf** um das Blaue Band nur in der West-Ost-Richtung erfolgreich. (Foto: Archiv Autor)

04 Die zeitgenössische **Postkarte** zeigt den Schnelldampfer »Kaiser Wilhelm II«. (Foto: Eckenbrecher)

Die »Kaiser Wilhelm II« war mit 19.341 BRT auch größer als die Vorgängerinnen. Ebenfalls eine Änderung gab es beim Aufbau der Antriebsanlage. Vier Vierfach-Expansionsdampfmaschinen mit insgesamt 38.000 PS, die paarweise im Verbund auf die beiden Wellen wirkten, verliehen dem Schiff eine Geschwindigkeit von 22,5 Knoten.

Die Ausstattung der Kabinen und der Gesellschaftsräume, in der sich Stilelemente des Barock und des Empire widerspiegelten, war wieder sehr üppig und auf den Geschmack des Reisepublikums der I. Klasse abgestimmt. Die Eleganz, aber auch die Schnelligkeit und die Sicherheit des Schiffes, kamen gut an.

04

»Kaiser Wilhelm II«

Reederei	*Norddeutscher Lloyd, Bremen, Deutschland*
Bauwerft	*A.G. Vulcan, Stettin, Deutschland*
Stapellauf	*12. August 1902*
Vermessung	*19.341 BRT*
Länge / Breite	*215,34 m / 22,05 m*
Besatzungsstärke	*650 Personen*
Passagiere	*468 – 268 – 799 / I. – II. – III. Klasse*
Antrieb	*4 x Dampfmaschine*
Antriebsleistung	*38.000 PS / 44.500 PS (max.)*
Wellen	*2*
Geschwindigkeit	*22,5 kn*

05

Am 14. April 1903 trat die »Kaiser Wilhelm II« ihre Jungfernreise an. Sie führte auf der üblichen Route des Norddeutschen Lloyd von Bremerhaven über Southampton und Cherbourg nach New York. Das Blaue Band war dem Schiff jedoch nicht vergönnt. Lediglich im Juni 1904 stellte die »Kaiser Wilhelm II« mit 23,58 Knoten einen neuen Geschwindigkeitsrekord in West-Ost-Richtung auf. Die wegen der vorherrschenden Westwinde und dem mitlaufenden Golfstrom navigatorisch leichtere Strecke wird für das Blaue Band nicht gewertet.

Am 20. Juli 1907 musste eine geplante Reise abgebrochen werden. Bei der Übernahme von Kohle erhielt das Schiff Schlagseite. In Folge dessen drang über die geöffneten Kohlepforten Wasser ein und machte die bereits gebunkerte Kohle unbrauchbar.

Im Juni 1914 wurde die »Kaiser Wilhelm II« im Nebel vor der Isle of Wight von dem englischen Frachter »Incemore« gerammt. Mit schwerer Schlagseite musste das Schiff nach Southampton zurücklaufen zur Reparatur, welche sich bis zum 28. Juli hinzog.

Vom Kriegsausbruch überrascht, wurde die »Kaiser Wilhelm II« im August 1914 in New York zunächst interniert und dann im April 1917 beschlagnahmt.

05 Die »Kaiser Wilhelm II« war der 1902 in Dienst gestellte dritte ***Vierschornsteindampfer*** *des Norddeutschen Lloyd. (Foto: Andrew Steller)*

06

07

06 Eine **Expansionsdampfmaschine** *des Schnelldampfers »Kaiser Wilhelm II«. Ihre gewaltigen Ausmaße macht die Person in der Bildmitte deutlich. (Foto: Archiv Autor)*

07 *Der luxuriös ausgestattete* **I.-Klasse-Salon** *des Schnelldampfers »Kaiser Wilhelm II«. (Foto: trialsanderrors / CC-BY-SA 2.0)*

08 *Der amerikanische Truppentransporter* **»Agamemnon«** *ex »Kaiser Wilhelm II« im Jahre 1919 bei der Rückführung von amerikanischen Soldaten aus Europa. (Foto: Archiv Autor)*

08

09

10

In »Agamemnon« umbenannt diente sie, wie auch ihr Schwesterschiff »Kronprinz Wilhelm«, der amerikanischen Marine als Truppentransporter.

Ab 1919 ist das Schiff für lange Jahre aufgelegt. Es bleibt, in »Monticello« umbenannt, als Reserveschiff im Besitz der US Navy und wird 1940, nachdem die englische Regierung eine angebotene Übernahme des alten Passagierschiffsveteranen abgelehnt hatte, verschrottet.

09 Der Truppentransporter »Agamemnon« ex »Kaiser Wilhelm II« im April 1918. Vom **Glanz** *der ersten Jahre ist nicht mehr viel übriggeblieben. (Foto: Archiv Autor)*

10 Die **Briefmarkenausgabe** *der US Parcel Post zeigt einen Vier-Schornstein-Schnelldampfer des Norddeutschen Lloyd. (Foto: U.S. Government)*

»Amerika«

Seinerzeit grösstes Schiff der Welt

02

01 *Die am 15. Oktober 1918 im Hafen von New York gesunkene* **»America«** *(siehe Seite 94). (Foto: Archiv Autor)*

02 *Das Passagierschiff »Amerika« beim Passieren einer* **Schleuse**. *(Foto: Bibliothek für Zeitgeschichte)*

Außer dem Schnelldampfer »Deutschland« konnte die Hamburg-Amerikanische Packetfahrt-Actien-Gesellschaft (Hamburg Amerika Linie, HAPAG) kurz nach der Jahrhundertwende dem erfolgreichen Schnelldampfer-Trio des Norddeutschen Lloyd, bestehend aus der »Kaiser Wilhelm der Grosse«, der »Kronprinz Wilhelm« und der »Kaiser Wilhelm II«, im Nordatlantik-Dienst nichts Gleichwertiges entgegensetzen.

Entsprechend der neuen HAPAG-Geschäftsphilosophie, in der an Stelle von Schnelldampfern wirtschaftliche Großschiffe gebaut werden sollten, war man bereits freiwillig aus dem Wettlauf um das Blaue Band ausgeschieden, jedoch nicht aus dem Wettbewerb um die Gunst der Passagiere. Um in dem lukrativen Geschäft des Passagierverkehrs im Nordatlantik weiterhin eine Rolle zu spielen, gab die Reederei bei der englischen Werft

03

04

05

03 Das **Passagierschiff »Amerika«** *der HAPAG war bei seiner Ablieferung das größte Schiff der Welt. (Foto: Bibliothek für Zeitgeschichte)*

04 Passagierschiff **»Amerika«**. *(Foto: Hapag Lloyd)*

05 Die »Amerika« beim **Anlegemanöver,** *das bei den Passagieren auf großes Interesse stößt und beobachtet wird. (Foto: Archiv Autor)*

06 Passagierschiff **»Amerika«**. *(Foto: Bibliothek für Zeitgeschichte)*

»Amerika«

Reederei	*HAPAG, Hamburg, Deutschland*
Bauwerft	*Harland & Wolff, Belfast, Großbritannien*
Stapellauf	*20. April 1905*
Vermessung	*22.225 BRT*
Länge / Breite	*213,40 m / 22,70 m*
Besatzungsstärke	*577 Personen*
Passagiere	*420 – 254 – 223 / I. – II. – III. Klasse, 1765 Zwischendeck*
Antrieb	*2 x Dampfmaschine*
Antriebsleistung	*15.000 PS / 16.500 PS (max.)*
Wellen	*2*
Geschwindigkeit	*17,5 kn*

06

Harland & Wolff in Belfast die »Amerika« in Auftrag. Das Schiff lief am 20. April 1905 vom Stapel. Es war zugleich das letzte deutsche Passagierschiff, das im Ausland gebaut worden ist.

Bei ihrer Indienststellung war die »Amerika« mit 22.225 BRT das größte Schiff der Welt. Sie war fünf Meter länger als die »Deutschland«, aber breiter und höher als diese. Angetrieben wurde das Zwei-Wellen-Schiff von zwei Vierfach-Expansionsdampfmaschinen mit insgesamt 15.000 PS. An Geschwindigkeit erreichte es 17,5 Knoten. In dieser wirtschaftlichen Fahrtstufe verbrauchte das Doppel-Schornstein-Schiff nur halb so viel an Kohle wie die »Deutschland«, war dafür aber ein bis zwei Tage länger unterwegs.

Um trotz der längeren Reisezeit die Fahrgäste an sich zu ziehen, ließ die HAPAG unter ihrem Generaldirektor Albert Ballin die »Amerika« großzügig und prachtvoll ausrüsten. Sie bot den mitreisenden Fahrgästen einen bisher nicht gekannten Luxus und Komfort.

So war die »Amerika« das erste Schiff der Welt, das für gut betuchte Reisende mit einem À-la-carte-Restaurant aufwarten konnte. Vorbild hierfür waren die Ritz-Carlton-Restaurants in Paris, London und New York. Es gab aber auch elektrische Fahrstühle und einen Wintergarten mit Palmen. Das neue Konzept der HAPAG erwies sich für das Schiff als erfolgreich.

Die Jungfernreise von Hamburg nach New York begann am 11. Oktober 1905. Bis 1914 blieb die »Amerika« im Nordatlantik-Dienst der Reederei im Einsatz. Neben den finanziell gut gestellten Passagieren waren auch immer Auswanderer an Bord eingeschifft. Im Zwischendeck konnten über 1700 Personen ordentlich untergebracht und verpflegt mitfahren.

07

08

Im Oktober 1912 passierte ein folgenschweres Unglück. Die »Amerika« rammte vor Dover das englische U-Boot »B 2«, das dabei sofort sinkt. Nur ein Mann der 16-köpfigen Besatzung überlebte die Havarie.

Bei Ausbruch des Ersten Weltkriegs befand sich die »Amerika« planmäßig in Boston in den USA. Das Schiff wurde im August interniert und im April 1917, beim Kriegseintritt der USA, beschlagnahmt. Die amerikanische Marine nutzte jetzt das Schiff als Truppentransporter »America«. Bei einer unfachmännischen Kohleübernahme sank das Schiff am 15. Oktober 1918 im Hafen von New York. Nach Bergung und Reparatur nahm die »America« im Februar 1919 wieder ihren Dienst auf, wurde dann aber im September aufgelegt.

Nach gründlicher Überholung in den Jahren 1920/1921 fuhr die »America« ab Juni 1921 in Charter für die United States Lines auf der Route von New York nach Bremerhaven als Passagierschiff.

07 *Die ehemalige »Amerika« als Truppentransporter* **»Edmund B. Alexander«**. *(Foto: US Navy)*

08 *Eine Räumlichkeit der II. oder III. Klasse auf der* **»Amerika«**. *(Foto: Hapag-Lloyd)*

09 *Das* **Gymnasium** *– heute würde man Trimm- oder Fitness-Raum sagen – mit Sportgeräten wie sie in der damaligen Zeit in Mode waren. (Foto: Archiv Autor)*

10 **Das Musikzimmer** *auf der »Amerika«. (Foto: Hapag-Lloyd)*

11 *Eines der exklusiv ausgestatteten* **I.-Klasse-Restaurants** *auf der »Amerika«. (Foto: Hapag-Lloyd)*

09

11

10

Im Jahre 1926 folgten Umbauten, bei denen im März ein Großbrand ausbrach. Das schwer beschädigte Schiff sollte zunächst abgewrackt werden, wurde dann aber nochmals instand gesetzt und weiter genutzt.

Ab 1931 in der Chesapeake Bay wieder aufgelegt kam die »America« neun Jahre später nochmals zum Einsatz. Zunächst umgebaut und in »Edmund B. Alexander« umbenannt, diente sie ab Januar 1941 als Wohnschiff der US Navy in Neufundland. Im Juni dann wieder ein Umbau. Dieses Mal als Truppentransporter. Im Folgejahr kam bei der Umstellung auf Ölfeuerung auch ein Schornstein von Bord. Bis 1949 diente das Schiff dann als Truppentransporter. Es folgte ein erneutes Auflegen und im Jahre 1958 die Verschrottung. Damit ging ein über 50-jähriges Schiffsleben zu Ende.

»Kaiserin Auguste Victoria«

KURZFORM: DIE KAISERIN

01

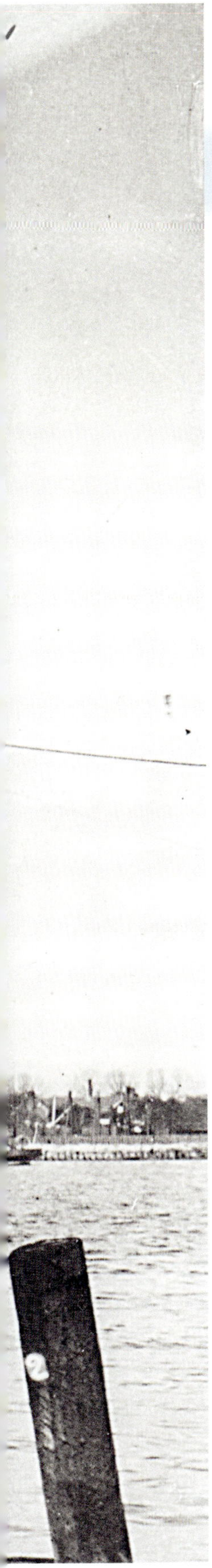

Das zweite Passagierschiff, das die Hamburg-Amerikanische Packetfahrt-Actien-Gesellschaft (Hamburg Amerika Linie, HAPAG) für ihr neues Konzept bauen ließ, war die »Kaiserin Auguste Victoria«. Man beachte, wie schon bei der »Augusta Victoria« von 1888, ist der Name der Kaiserin wieder falsch mit »C« geschrieben. Das Schiff, das eigentlich »Europa« heißen sollte und dann auf Intervention des Kaiserlichen Hofes diesen Namen nicht erhielt, wurde bei der Vulcan Werft in Stettin gebaut. Es lief am 29. August 1905 – wie könnte es bei dem marine- und seefahrtsbegeisterten deutschen Kaiser auch anders sein – in Anwesenheit des deutschen Kaiserpaares vom Stapel.

Die Vermessung der »Kaiserin Auguste Victoria« betrug 24.581 BRT und die Schiffslänge war 214,90 Meter. Damit war sie das größte Schiff der Welt und löste in dieser Eigenschaft die »Amerika« ab. Zwei Jahre später musste sie den »Titel« an den englischen Schnelldampfer »Lusitania« (31.550 BRT) abtreten.

Der Antrieb der »Kaiserin Auguste Victoria« bestand aus zwei Vierfach-Expansionsdampfmaschinen. Sie wirkten jeweils auf eine Welle und brachten 16.000 PS an Leistung. Die Reisegeschwindigkeit des Schiffes betrug 17,5 Knoten.

Wegen ihrer luxuriösen Innenausstattung war die »Kaiserin« – so die oft gebrauchte Kurzform des Schiffsnamens – bei den Nordatlantik-Reisenden schnell sehr populär.
Sie stand in nichts der »Amerika« nach.
Das Schiff war mit Speisesälen, À-la-carte-Restaurants, Bibliothek, Rauchsalons, Gesellschaftsräumen und Damenzimmer ausgestattet. Alles nur vom Besten und Feinsten in luxuriöser Ausstattung. So richtig nach dem Geschmack des elitären amerikanischen Publikums.

02

01 Das Passagierschiff **»Kaiserin Auguste Victoria«** *als Pierlieger. (Foto: Archiv Autor)*

02 Passagierschiff **»Kaiserin Auguste Victoria«**. *(Foto: Archiv Autor)*

03

03 Der marine- und seefahrtsbegeisterte deutsche **Kaiser** *Wilhelm II und seine Ehefrau Kaiserin Auguste Viktoria auf einer Postkartendarstellung. Nach ihnen und nach weiteren kaiserlichen Familienangehörigen wurden zahlreiche Schiffe der deutschen Handelsmarine und Kriegsmarine benannt. (Foto: Archiv Autor)*

04

05

04 *Das Passagierschiff »Kaiserin Auguste Victoria« auf einer* **Gemäldedarstellung**. *(Foto: Fred Pansing)*

05 *Die vielen noch an* **Oberdeck** *stehenden Passagiere lassen vermuten, dass die Aufnahme nach dem Ablegen oder vor dem Anlegen der »Kaiserin Auguste Victoria« entstanden ist. (Foto: Bibliothek für Zeitgeschichte)*

Die Jungfernreise des neuen Passagierschiffes der HAPAG begann am 10. Mai 1906 und führte von Hamburg nach New York. Die »Kaiserin Auguste Victoria« blieb danach im Nordatlantik-Dienst der Reederei eingesetzt. Unterbrochen wurde diese Routine im Februar 1912 als das Schiff aus dem Liniendienst herausgezogen wurde und eine Kreuzfahrt New York – Mittelmeer – New York unternahm. Angelaufen wurden Madeira und verschiedene Mittelmeerhäfen. Der HAPAG-Dampfer war bei dieser Unternehmung das bislang größte für eine Kreuzfahrt eingesetzte Schiff.

Ihre schon seit Jahren bestehenden und gut ankommenden Kreuzfahrtaktivitäten interpretierte die HAPAG seiner Zeit wie folgt: »Durch die Propagierung der Vergnügungsreisen zur See hatte sich das internationale Publikum längst daran gewöhnt, eine Seereise als einen Genuss, nicht als einen lästigen Zwang zu betrachten; die erholsame Behaglichkeit und der einem Seebadeaufenthalt nicht unähnliche Wert des Bordlebens wurde gebührend hoch veranschlagt; man freute sich auf die Seefahrt wie auf ein schönes geselliges Erlebnis.« (*)

Bleibt noch der Hinweis auf die hohe Zahl an Passagieren, die die »Kaiserin Auguste Victoria« – wie auch schon zuvor die »Amerika« – im Zwischendeck mitnehmen konnte. Auch das Auswanderergeschäft war seiner Zeit ein wichtiger Geschäftszweig der HAPAG und ließ sich mit dem Riesenschiff auch bequem abwickeln.

Vom Kriegsausbruch wurde die »Kaiserin Auguste Victoria« in Hamburg liegend überrascht. Da zu langsam, hatte die Kaiserliche Marine kein Interesse an der Übernahme des Passagierschiffes. Nach dem Krieg beschlagnahmte Großbritannien das Schiff als Kriegsbeute.

»Kaiserin Auguste Victoria«

Reederei	*HAPAG, Hamburg, Deutschland*
Bauwerft	*A.G. Vulcan, Stettin, Deutschland*
Stapellauf	*29. August 1905*
Vermessung	*24.581 BRT*
Länge / Breite	*214,90 m / 23,50 m*
Besatzungsstärke	*593 Personen*
Passagiere	*652 – 286 – 216 / I. – II. – III. Klasse, 1842 Zwischendeck*
Antrieb	*2 x Dampfmaschine*
Antriebsleistung	*16.000 PS / 17.500 PS (max.)*
Wellen	*2*
Geschwindigkeit	*17,5 kn*

Es folgten zunächst einmal Truppentransporte amerikanischer Soldaten. Nach einer anschließenden Überholung auf der Vulcan Werft in Stettin, bei der auch die Kesselbefeuerung auf Ölbetrieb umgestellt wurde, kam das Schiff 1921 als »Empress of Scotland« erneut in Fahrt.

Neun Jahre später wurde das mittlerweile unwirtschaftlich gewordene Schiff zum Abwracken verkauft. Bei den Arbeiten brannte das Schiff im Jahr 1930 total aus, sank und wurde wieder gehoben, um dann 1931 endgültig verschrottet zu werden.

(*) zitiert nach: Rothe, Die deutschen Traumschiffe, Seite 19

06

07

06 Einer der ***Speisesäle*** *auf der »Kaiserin Auguste Victoria«. (Foto: Archiv Autor)*

07 In angenehmer Atmosphäre ließ es sich im ***Wintergarten*** *der »Kaiserin Auguste Victoria« gemütlich sitzen. (Foto: Archiv Autor)*

»Lusitania«

01

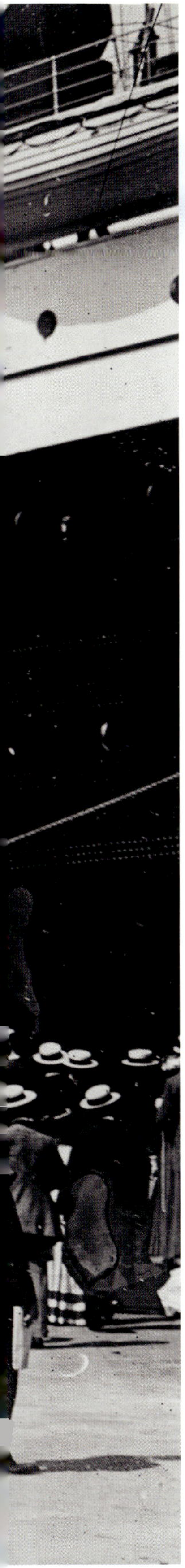

Erster Turbinen-Schnelldampfer

02

Von 1898 bis 1907 war das Blaue Band fest in der Hand der fünf Vier-Schornstein-Schnelldampfer des Norddeutschen Lloyd und der Hamburg Amerika Linie (HAPAG). Man nannte es auch »Das Jahrzehnt der Deutschen«. Durch einen Vertrag zwischen der britischen Regierung und der Cunard Line, der die Finanzierung mit einem hohen Darlehen erleichterte und mit jährlichen Subventionen von 150.000 Pfund den Betrieb sichern sollte, war es der Reederei möglich 1905 Bauaufträge von zwei Schnelldampfern zu vergeben.

Man erhoffte sich mit diesen Schiffen wieder an die Spitze der nordatlantischen Passagierschifffahrt zu kommen und das Blaue Band zurückzugewinnen, das von 1856 bis 1898 ununterbrochen von englischen Schiffen gehalten worden war. Ein Ansinnen der Regierung war, im Kriegsfalle die Schiffe als Hilfskreuzer nutzen zu können. Hierfür musste die Reederei vorbereitende bauliche Maßnahmen akzeptieren.

Auf der Werft John Brown & Company in Clydebank bei Glasgow entstand mit der »Lusitania« der erste dieser beiden Schnelldampfer. Am 7. Juni 1906 lief das Schiff vom Stapel.

Mit dem Bau der »Lusitania« hatte die englische Werft hervorragende Arbeit geleistet. Mehrere Superlative konnte sie mit dem Vier-Schornstein-Schiff vorweisen: größtes Schiff der Welt, erster Turbinen-Schnelldampfer, erster Vier-Schrauben-Schnelldampfer und erstes englisches Vier-Schornstein-Schiff.

Mit den Maschinenanlagen der deutschen Vier-Schornstein-Schnelldampfer waren die Möglichkeiten der Kolbendampfmaschinen ausgereizt. Die »Lusitania« wurde daher als erster Schnelldampfer mit Dampfturbinen ausgerüstet. Das war damals noch ein technisch gewagtes Unterfangen und im Handelsschiffbau eine absolute Innovation. Auf Kriegsschiffen hatte man jedoch schon erste Erfahrungen mit solchen Antriebsanlagen gewinnen können.

*01 Die **»Lusitania«** wird beim Einlaufen in New York von zahlreichen Menschen erwartet. (Foto: Archiv Autor)*

*02 Der Schnelldampfer »Lusitania« wird mit Schlepperhilfe an seinen **Liegeplatz** gebracht. (Foto: Archiv Autor)*

03

04

05

06

07

03 Die »Lusitania« legt in **New York** *an. (Foto: US Navy)*

04 Der Schnelldampfer **»Lusitania«** *lief am 7. Juni 1906 vom Stapel. (Foto: Maritime Quest)*

05 Der Schnelldampfer »Lusitania« beim **Einlaufen** *in einen Hafen. (Foto: Archiv Autor)*

06 Der Schnelldampfer »Lusitania« auf einer Postkartendarstellung der **Cunard Line**. *(Foto: Deutscher Marinebund)*

07 Der Schnelldampfer »Lusitania« beim Einlaufen in **New York**. *(Foto: Archiv Autor)*

08 Die »Lusitania« hat ihren Liegeplatz in New York erreicht und wird an der **Pier** *festgemacht. (Foto: N. W. Penfield)*

»Lusitania«

Reederei	*Cunard Line, Liverpool, Großbritannien*
Bauwerft	*John Brown & Company, Clydebank, Großbritannien*
Stapellauf	*7. Juni 1906*
Vermessung	*31.550 BRT*
Länge / Breite	*239,56 m / 26,82 m*
Besatzungsstärke	*802 Personen*
Passagiere	*563 – 464 – 1138 / I. – II. – III. Klasse*
Antrieb	*4 x Dampfturbine, 2 x Dampfturbine*
Antriebsleistung	*68.000 PS / 76.000 PS (max.)*
Wellen	*4*
Geschwindigkeit	*25 kn*
Blaues Band	*6. Okt. – 10. Okt. 1907 / 23,99 kn, 17. Mai – 21. Mai 1908 / 24,83 kn, 5. Juli – 10. Juli 1908 / 25,01 kn, 8. Aug. – 12. Aug. 1909 / 25,65 kn*

08

Von den Vorwärtsturbinen der »Lusitania« waren zwei als Hochdruck- und zwei als Niederdruckturbinen ausgelegt. Für die Rückwärtsfahrt waren eigene Turbinen notwendig, die dann auf die beiden Innenwellen wirkten. Die Turbinen waren ohne Getriebe direkt auf die Wellen geschaltet.

Die Drehzahl der Wellen belief sich auf 180 bis 190 Umdrehungen pro Minute und war damit fast doppelt so hoch wie bei den bisherigen Kolbendampfmaschinen. Kavitationserscheinungen und Vibrationen waren die Folge. Durch Verbesserungen an den Propellern und am Schiffskörper bekam man die Probleme allmählich in Griff. Das Schiff lief jetzt vibrationsfrei und erreichte eine Geschwindigkeit von 25 Knoten, an die man sich aber erst so nach und nach herantastete. Die Gesamtleistung der Vorwärtsturbinen betrug 68.000 PS.

Die Ausstattung der »Lusitania« war in der I. Klasse Luxus pur. Viel wertvolles Mobiliar kam zum Einbau. Die Gesellschaftsräume besaßen Glasdächer, so dass viel Tageslicht in das Schiff kommen konnte. Es gab ein Verandacafé, Rauch- und Musiksalon sowie Lese- und Schreibraum, die alle äußerst großzügig eingerichtet waren. Diese Räumlichkeiten befanden sich auf dem Bootsdeck. Ein großer voluminöser Speisesaal wurde von einer großen Kuppel überragt und erstreckte sich in der Höhe über mehrere Decksebenen. Für die Unterbringung der Reisenden in der I. Klasse waren Königssuiten, kleinere Suiten und äußerst repräsentative Kabinen vorhanden.

Auch die II. Klasse war für die damalige Zeit verhältnismäßig luxuriös ausgestattet. Selbst die III. Klasse verfügte über öffentliche Räume, über einen großen Speisesaal sowie einen Rauchsalon und einen Aufenthaltsraum für die Damen.

Die Jungfernreise der »Lusitania« begann am 7. September 1907 und führte von Liverpool über Queenstown nach New York. Auf der Reise vom 6. bis 10. Oktober 1907 holte sich das Schiff mit einer Durchschnittsgeschwindigkeit von 23,99 Knoten das Blaue Band, das zuvor die »Deutschland« der HAPAG mit 23,15 Knoten innehatte. Bis 1909 wurde die Leistung noch mehrfach verbessert, bevor im September 1909 das Schwesterschiff »Mauretania« die Trophäe übernahm und sie dann 20 Jahre verteidigte.

Die »Lusitania« blieb bis 1915 im Nordatlantik-Dienst der Cunard Line im Einsatz. Am 7. Mai 1915 kam dann ihr tragisches Ende. Für einen Truppentransporter gehalten, wurde sie vor der südirischen Küste von dem deutschen U-Boot »U 20« versenkt.

09

13

10

11

12

14

15

16

17

09 *Die* **»Lusitania«** *erreicht einen Hafen. (Foto: Bibliothek für Zeitgeschichte)*

10 *Die* **Deckspläne** *des Schnelldampfers »Lusitania«. (Foto: Archiv Autor)*

11 *Das* **Bootsdeck** *der »Lusitania« an der Backbordseite des Schiffes. (Foto: Archiv Autor)*

12 *Die* **Brücke** *der »Lusitania«. (Foto: Archiv Autor)*

13 *Das* **Bootsdeck** *war für Reisende der I. Klasse ein beliebter Treffpunkt. (Foto: Archiv Autor)*

14 *Eine Gemäldedarstellung des* **I.-Klasse-Speisesaals**. *(Foto: Archiv Autor)*

15 *Mit voller Fahrt über den* **Ozean**. *(Foto: Bibliothek für Zeitgeschichte)*

16 **Schlepper** *assistieren beim Anlegen des Ozeanriesen. (Foto: Archiv Autor)*

17 *Aus* **vier Schornsteinen** *schwarz qualmend unterwegs. (Foto: Bibliothek für Zeitgeschichte)*

15

17

16

18

15 Das **Musikzimmer** *auf der »Lusitania«. (Foto: Khang17092004 / CC-BY-SA 4.0)*

16 Der **Speisesaal** *der III. Klasse war einfach gestaltet. (Foto: Archiv Autor)*

17 Das **Verandacafé** *der »Lusitania«. (Foto: Archiv Autor)*

18 Der **Speisesaal** *der I. Klasse war prachtvoll ausgestattet. (Foto: Archiv Autor)*

19 Der Schnelldampfer »Lusitania« sinkt nach einem Torpedotreffer des U-Bootes »U 20«. Zeichnerische Darstellung in **The Illustrated London News** *vom 15. Mai 1915. (Foto: The Illustrated London News)*

20 Das Titelblatt der **New York Times** *vom 8. Mai 1915 spricht fälschlicherweise von zwei Torpedotreffern. (Foto: The New York Times)*

21 Die **Deutsche Botschaft** *in Washington warnte wegen des Kriegszustandes mit England in Zeitungsannoncen vor der Mitfahrt auf englischen Schiffen. (Foto: Archiv Autor)*

22 **U-Boote** *der Kaiserlichen Marine im Marinestützpunkt Kiel. Darunter »U 20«, das die »Lusitania« versenkte. (Foto: Archiv Autor)*

19

"All the News That's Fit to Print."

The New York Times.

EXTRA 5:30 A. M.

VOL. LXIV...NO. 20,923. NEW YORK, SATURDAY, MAY 8, 1915.—TWENTY-FOUR PAGES. ONE CENT

LUSITANIA SUNK BY A SUBMARINE, PROBABLY 1,260 DEAD; TWICE TORPEDOED OFF IRISH COAST; SINKS IN 15 MINUTES; CAPT. TURNER SAVED, FROHMAN AND VANDERBILT MISSING; WASHINGTON BELIEVES THAT A GRAVE CRISIS IS AT HAND

SHOCKS THE PRESIDENT

Washington Deeply Stirred by the Loss of American Lives.

BULLETINS AT WHITE HOUSE

Wilson Reads Them Closely, but is Silent on the Nation's Course.

HINTS OF CONGRESS CALL

Loss of Lusitania Recalls Firm Tone of Our First Warning to Germany.

CAPITAL FULL OF RUMORS

Reports That Liner Was to be Sunk Were Heard Before Actual News Came.

Special to The New York Times.

WASHINGTON, May 7. — Never since that April day, three years ago, when word came that the Titanic had gone down, has Washington been so stirred as it is tonight over the sinking of the Lusitania. The early reports told that there had been no loss of life, but the relief that these advices caused gave way to the greatest concern late this evening when it became known that there had been many

The Lost Cunard Steamship Lusitania
X Where the First Torpedo Struck. XX Where the Second Torpedo Struck.

SOME DEAD TAKEN ASHORE

Several Hundred Survivors at Queenstown and Kinsale.

STEWARD TELLS OF DISASTER

One Torpedo Crashes Into the Doomed Liner's Bow, Another Into the Engine Room.

SHIP LISTS OVER TO PORT

Makes It Impossible to Lower Many Boats, So Hundreds Must Have Gone Down.

ATTACKED IN BROAD DAY

Passengers at Luncheon—Warning Had Been Given by Germans Before the Ship Left New York.

Only 650 Were Saved, Few Cabin Passengers

QUEENSTOWN, Saturday, May 8, 4:28 A. M.—Survivors of the Lusitania who have arrived here estimate that only about 650 of those aboard the steamer

20

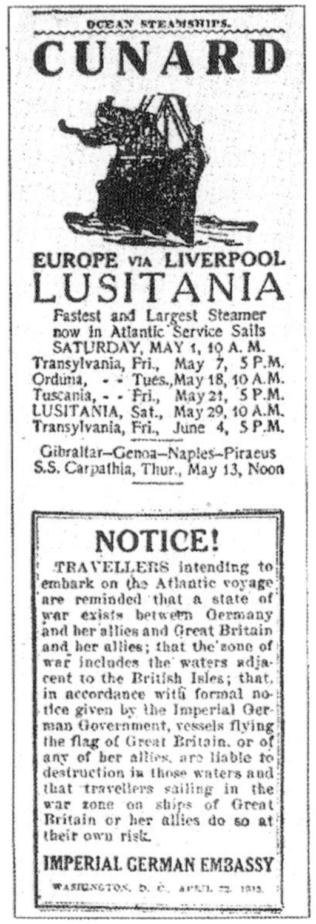

OCEAN STEAMSHIPS.

CUNARD

EUROPE VIA LIVERPOOL
LUSITANIA
Fastest and Largest Steamer now in Atlantic Service Sails SATURDAY, MAY 1, 10 A. M.
Transylvania, Fri., May 7, 5 P.M.
Orduna, - - Tues., May 18, 10 A.M.
Tuscania, - - Fri., May 21, 5 P.M.
LUSITANIA, Sat., May 29, 10 A.M.
Transylvania, Fri., June 4, 5 P.M.

Gibraltar–Genoa–Naples–Piraeus
S.S. Carpathia, Thur., May 13, Noon

NOTICE!
TRAVELLERS intending to embark on the Atlantic voyage are reminded that a state of war exists between Germany and her allies and Great Britain and her allies; that the zone of war includes the waters adjacent to the British Isles; that, in accordance with formal notice given by the Imperial German Government, vessels flying the flag of Great Britain, or of any of her allies, are liable to destruction in those waters and that travellers sailing in the war zone on ships of Great Britain or her allies do so at their own risk.

IMPERIAL GERMAN EMBASSY

Warnung der Deutschen Botschaft

21

22

Über die Ursachen der Versenkung gibt es in der Literatur verschiedene Versionen. Fest steht, dass das Schiff am Nachmittag des 7. Mai um 15:10 Uhr von einem Torpedo des U-Bootes an Steuerbordseite dicht hinter der Brücke zwischen dem ersten und dem zweiten Schornstein getroffen wurde. Kurz nach der Torpedodetonation folgte eine weitere außergewöhnlich große Detonation, die nicht von dem Torpedo stammen konnte. Je nach Quelle wird vermutet, dass es sich hierbei um eine Kessel-, Kohlestaub- oder Munitionsexplosion gehandelt hatte. Auch die Explosion des geladenen Aluminiumstaubs wird in Erwägung gezogen.

Innerhalb von 20 Minuten war das Schiff gesunken. Fast 1200 Menschen, darunter 128 amerikanische Staatsbürger, kamen dabei ums Leben. Nach den darauf folgenden Protesten der amerikanischen Regierung und angesichts der durch Presseberichte in den USA und in England aufgeheizten Stimmung stellte die Kaiserliche Marine den uneingeschränkten U-Bootkrieg ein, weil sie einen Kriegseintritt der USA befürchtete.
Die Deutsche Botschaft in Washington hatte allerdings wegen des Kriegszustandes mit England in Zeitungsannoncen vor der Mitfahrt auf englischen Schiffen, die durch das Kriegsgebiet fuhren, gewarnt. Andererseits war die »Lusitania« völkerrechtlich gesehen ein legitimes Ziel. Nachweislich hatte sie Kriegsgüter und Munition geladen.

»Mauretania«

01

Zwanzigjähriger Rekord

Parallel zum Bau des Schnelldampfers »Lusitania« ließ die englische Cunard Line bei der Werft Swan, Hunter & Wigham Richardson in Newcastle das Schwesterschiff »Mauretania« bauen. Nur drei Monate nach der »Lusitania« wurde der Neubau am 20. September 1906 seinem Element übergeben.

Hinsichtlich der Bauvorgaben, des Schiffsentwurfs und der Schiffstechnik war die »Mauretania« ihrem Schwesterschiff vergleichbar. Beide Schiffe setzten neue Maßstäbe in der Größe und der technischen Leistungsfähigkeit. In der Vermessung war die »Mauretania« mit 31.938 BRT leicht größer als ihre Schwester. Der Schiffsantrieb war wiederum identisch.

Obwohl nach demselben Generalplan gebaut, unterschieden sich die beiden Vier-Schornstein-Schnelldampfer allerdings in ihrer Innenausstattung. Jedes Schiff konnte eine eigene Atmosphäre vorweisen. Für die Räumlichkeiten der I. Klasse an Bord der »Mauretania« wurde ein bisher nie gesehenes Maß an Prachtentfaltung umgesetzt.

Die Jungfernreise der »Mauretania« ging ab dem 16. November 1907 auf der traditionellen Cunard-Route von Liverpool über Queenstown nach New York. Der Nordatlantik zeigte sich dabei von seiner »besten« Seite, es war eine äußerst stürmische Überfahrt. Das Blaue Band war noch nicht in Reichweite und wurde vorerst der Schwester »Lusitania« belassen.

02

01 Der Schnelldampfer »Mauretania« läuft eine ***höhere Fahrtstufe****. (Foto: Bibliothek für Zeitgeschichte)*

02 Die ***»Mauretania«*** *geht an der Ausrüstungspier der Fertigstellung entgegen. (Foto: Archiv Autor)*

03 Die »Mauretania« im frühen ***Bauzustand****. (Foto: Archiv Autor)*

03

04

05

06

07

08

09

Allerdings konnte sich das Schiff auf der Rückreise mit 23,69 Knoten in die Rekordliste der West-Ost-Richtung eintragen. Bis 1924 wurde der Wert für diese Route insgesamt noch sieben Mal überboten und erreichte im August 1924 eine Geschwindigkeit von 26,25 Knoten.
Auf der Reise vom 26. bis 30. September 1909 holte sich die »Mauretania« endlich das Blaue Band. Die Durchschnittsgeschwindigkeit betrug 26,06 Knoten. Dieser Rekord sollte 20 Jahre Bestand haben und musste erst im Sommer 1929 an die »Bremen« des Norddeutschen Lloyd weitergegeben werden.

04 Der Schnelldampfer »Mauretania« während der ***Bauzeit***. *(Foto: Archiv Autor)*

05 Der Schnelldampfer »Mauretania« lief am 20. September 1906 ***vom Stapel***. *(Foto: Archiv Autor)*

06 Der Schnelldampfer »Mauretania« hat zu einer Transatlantik-Überquerung abgelegt. Zahlreiche ***»Sehleute«*** *– an Bord wie auch an Land – beobachten das Manöver. (Foto: Internationales Maritimes Museum Hamburg)*

07 Der Schnelldampfer »Mauretania« beim Verlassen der ***Bauwerft***. *(Foto: Archiv Autor)*

08 Die mit einem ***Tarnanstrich*** *versehene »Mauretania« bringt amerikanische Truppen zurück in die USA. (Foto: Archiv Autor)*

09 ***Eingeschiffte Truppen*** *an Bord des Schnelldampfers »Mauretania«. (Foto: Archiv Autor)*

»Mauretania«

Reederei	*Cunard Line, Liverpool, Großbritannien*
Bauwerft	*Swan, Hunter & Wigham Richardson, Newcastle, Großbritannien*
Stapellauf	*20. September 1906*
Vermessung	*31.938 BRT*
Länge / Breite	*240,78 m / 26,82 m*
Besatzungsstärke	*802 Personen*
Passagiere	*563 – 464 – 1138 / I. – II. – III. Klasse*
Antrieb	*4 x Dampfturbine, 2 x Dampfturbine*
Antriebsleistung	*68.000 PS / 78.260 PS (max.)*
Wellen	*4*
Geschwindigkeit	*25 kn*
Blaues Band	*26. Sept. – 30. Sept. 1909 / 26,06 kn*

Vor dem Ersten Weltkrieg machte keine deutsche oder englische Reederei mehr den Versuch die Nordatlantik-Trophäe der »Mauretania« zu entreißen. Die englische White Star Line und die deutsche Hamburg Amerika Linie (HAPAG) waren ohnehin schon freiwillig aus dem Wettlauf ausgeschieden und versuchten mit anderen Mitteln ihre Attraktivität zu steigern. Schiffsgröße, Luxus, Komfort und Zuverlässigkeit waren hier die bestimmenden Kriterien. Bei der White Star Line sollten in den kommenden Jahren drei 45.000-BRT-Schiffe in Dienst kommen. Die HAPAG plante in noch größerer Ordnung vier Schiffe.

Die »Mauretania« versah bis zum Ersten Weltkrieg den Liniendienst im Nordatlantik. Bei Kriegsbeginn wurde sie von der Royal Navy requiriert und als Truppentransporter eingesetzt.

10

11

10 Die »Mauretania« ist im Dezember 1918 als Truppentransporter im ***Einsatz****. (Foto: Archiv Autor)*

11 Aus allen ***vier Schornsteinen*** *schwarz qualmend ist die »Mauretania« im küstennahen Bereich unterwegs. (Foto: Bibliothek für Zeitgeschichte)*

12

Unter anderem kam sie Anfang 1915 im Mittelmeer beim britischen Dardanellen Unternehmen zum Einsatz. Im September 1915 dann die Umrüstung als Lazarettschiff und schon im Folgejahr wieder die Verwendung als Truppentransporter. Sie brachte 1916 kanadische Truppen nach Europa und transportierte ab 1917 auch amerikanische Soldaten von den USA nach Frankreich. Erst im September 1919 kehrte das Schiff in den Liniendienst der Reederei zurück.

Im Juli 1921 kam es auf dem Schiff zu einem Großbrand, dem fast alle Kabinen der I. Klasse zum Opfer fielen. Die anschließende notwendige Reparaturzeit nutzte man auch, um das Schiff umzubauen. Außerdem wurde die Kohlefeuerung der Dampfkessel auf Ölbetrieb umgestellt.
Die Vermessung änderte sich durch diese Maßnahmen auf 30.696 BRT. Das Schiff hatte jetzt Platz für 589 – 400 – 767 Passagiere in der I. – II. – III. Klasse.

Ab 1930 kam die »Mauretania« auch bei Kreuzfahrten zum Einsatz. Im Jahre 1933 erhielt das Schiff deshalb einen weißen Rumpfanstrich. Nach der Fusion der Cunard- mit der White Star Line erfolgte im Jahr 1934 die altersbedingte Außerdienststellung des Ozeanriesen. Die »Mauretania« musste ihre letzte Reise zur Abwrackwerft im schottischen Rosyth antreten, wo sie am 4. Juli 1935 ankam.

13

14

15

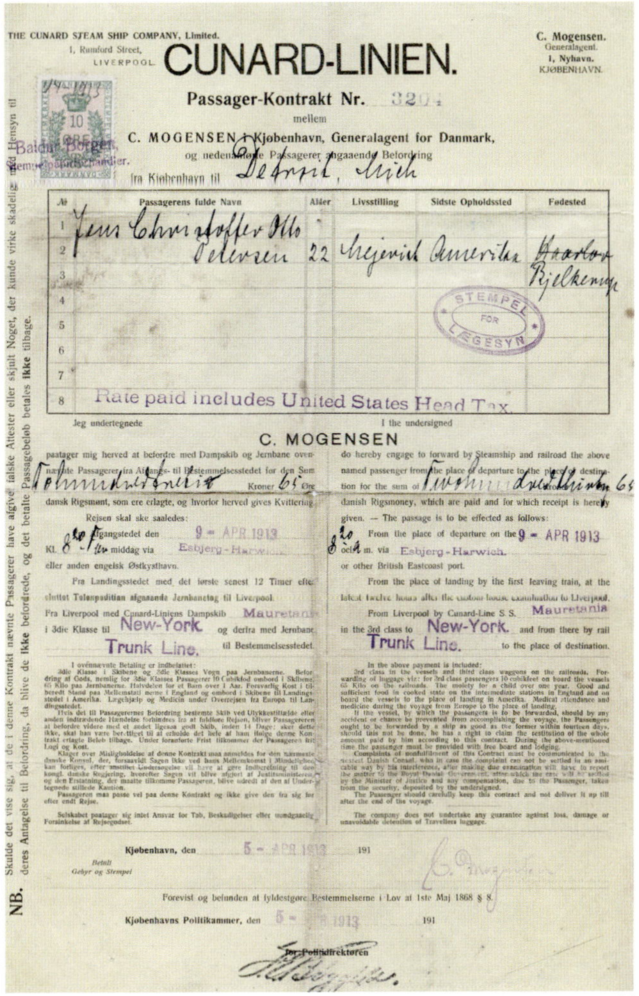

THE CUNARD STEAM SHIP COMPANY, Limited.
1, Rumford Street,
LIVERPOOL

CUNARD-LINIEN.

C. Mogensen.
Generalagent.
1, Nyhavn.
KJØBENHAVN.

Passager-Kontrakt Nr. 3204

mellem

C. MOGENSEN i Kjøbenhavn, Generalagent for Danmark,
og nedennævnte Passagerer angaaende Befordring
fra Kjøbenhavn til Detroit, Mich

№	Passagerens fulde Navn	Alder	Livsstilling	Sidste Opholdssted	Fødested
1	Jens Christoffer Otto				
2	Petersen	22	Mejerist	Amerika	Haarlev
3					Bjelkenæs
4					
5					
6					
7					
8	Rate paid includes United States Head Tax.				

STEMPEL FOR LÆGESYN

Jeg undertegnede — I the undersigned

C. MOGENSEN

paatager mig herved at befordre med Dampskib og Jernbane ovennævnte Passagerer fra Afgangs- til Bestemmelsesstedet for den Sum ... Kroner 65 Øre dansk Rigsmønt, som ere erlagte, og hvorfor herved gives Kvittering.

Rejsen skal ske saaledes:

Afgangstedet den 9 APR 1913 Kl. ... middag via Esbjerg-Harwich eller anden engelsk Østkysthavn.

Fra Landingsstedet med det første senest 12 Timer efter sluttet Toldeftersyn afgaaende Jernbanetog til Liverpool.

Fra Liverpool med Cunard-Liniens Dampskib Mauretania i 3die Klasse til New-York og derfra med Jernbane Trunk Line til Bestemmelsesstedet.

do hereby engage to forward by Steamship and railroad the above named passenger from the place of departure to the place of destination for the sum of ... danish Rigsmoney, which are paid and for which receipt is hereby given. — The passage is to be effected as follows:

From the place of departure on the 9 APR 1913 ... via Esbjerg-Harwich or other British Eastcoast port.

From the place of landing by the first leaving train, at the latest twelve hours after the custom house examination to Liverpool.

From Liverpool by Cunard-Line S.S. Mauretania in the 3rd class to New-York and from there by rail Trunk Line to the place of destination.

Kjøbenhavn, den 5 APR 1913

Forevist og befunden at lyldestgøre Bestemmelserne i Lov af 1ste Maj 1868 § 8.

Kjøbenhavns Politikammer, den 5 APR 1913

17

16

12 Ab den 1930er-Jahren wurde die »Mauretania« als **Kreuzfahrtschiff** eingesetzt und hatte ab 1933 einen weiß gestrichenen Schiffsrumpf. (Foto: Archiv Autor)

13 Eine Gemäldedarstellung der **I.-Klasse-Lounge** auf der »Mauretania«. (Foto: Archiv Autor)

14 Die **Bibliothek** der »Mauretania«. (Foto: Archiv Autor)

15 Eine **Luxuskabine** auf der »Mauretania«. (Foto: Archiv Autor)

16 Schlicht und einfach: Der **Gesellschaftsraum** für die Passagiere der III. Klasse. (Foto: Archiv Autor)

17 Eine **Fahrkarte** der III. Klasse für die Mitfahrt auf der »Mauretania«. (Foto: F18shack / CC-BY-SA 4.0)

18 Eine **Aktie** der Cunard Steamship Company Ltd. von 1909 mit dem Seitenriss eines der Vier-Schornstein-Schnelldampfer der Reederei. (Foto: Archiv Autor)

18

»Kronprinzessin Cecilie« WINDHUND DES MEERES

01

Zehn Jahre nach dem ersten Vier-Schornstein-Schnelldampfer »Kaiser Wilhelm der Grosse« stellte der Norddeutsche Lloyd mit der »Kronprinzessin Cecilie« sein viertes und letztes Schiff dieses Typs in Dienst. Wie ihre drei Vorgängerinnen wurde auch sie bei der Vulcan Werft in Stettin gebaut. Sie lief dort am 1. Dezember 1906 vom Stapel. Die Namensgebung des Schiffes bezieht sich auf die Ehefrau von Kronprinz Wilhelm, dem ältesten Sohn von Kaiser Wilhelm II.

Die »Kronprinzessin Cecilie« war ein Schwesterschiff der »Kaiser Wilhelm II«, dem sie im Wesentlichen in ihren Abmessungen und in ihrem Schiffsentwurf entsprach.

Der Antrieb erfolgte durch vier Vierfach-Expansionsdampfmaschinen mit insgesamt 40.000 PS, die paarweise im Tandembetrieb auf die beiden Wellen wirkten. Es war die bis dahin größte Kolbendampfmaschinenanlage, die auf einem Schiff eingebaut wurde. Die »Kronprinzessin Cecilie« erreichte mit diesem bedeutendsten Höhepunkt der Dampfmaschinentechnik eine Geschwindigkeit von 23 Knoten. Allerdings konnte das Schiff mit dieser Fahrtstufe nicht mehr in den Kampf um das Blaue Band eingreifen. Die nahezu zeitgleich in Fahrt kommenden englischen Turbinenschiffe »Lusitania« und »Mauretania« waren in ihrer Antriebstechnik moderner und folglich schneller. Die Dampfturbine mit einer bisher nicht gekannten Laufruhe begann die Kolbendampfmaschine technisch zu überholen.

Die Ausstattung des Schnelldampfers war in gewohnter Weise von Größe, Eleganz, Luxus und Innovationen geprägt. Die Einrichtungen waren von einem zweckmäßigen Stil, der die bisher gepflegten pompösen Ausstattungen ablöste.

Die Weser-Zeitung vom 30. Juli 1907 berichtete kurz vor der Indienststellung, dass das Schiff 279 Passagierkammern der I. Klasse und 109 der II. Klasse habe und dass die Kabinen den Charakter von gemütlichen Hotelzimmern hätten.

Am 6. August 1907 lief die »Kronprinzessin Cecilie« von Bremerhaven nach New York zu ihrer Jungfernreise aus. Bis zum Sommer 1914 verkehrte sie regelmäßig auf der Nordatlantik-Route der Reederei.

Mit dem Vier-Schornstein-Schnelldampfer-Quartett, das seiner Zeit auch als die vier »Windhunde des Meeres« bekannt war, besaß der Norddeutsche Lloyd nun eine homogene und moderne Passagierschiffsflotte. Die Route von Bremerhaven nach New York konnte jetzt regelmäßig und pünktlich bedient werden.

Auf der Rückreise nach Europa empfing die »Kronprinzessin Cecilie« am 29. Juli 1914 die Nachricht vom drohenden Kriegsausbruch. Um einer Aufbringung durch englische Kriegsschiffe zu entgehen – das Schiff hatte 1216 Passagiere sowie Gold- und Silberbarren im Wert von 40 Millionen Mark an Bord (nach einer anderen Quelle Goldbarren und Münzen im Wert von 15 Millionen US Dollar) – drehte der Schnelldampfer auf Gegenkurs und kehrte in die USA zurück.

01 Der Schnelldampfer **»Kronprinzessin Cecilie«** *bei einer langsamen Fahrtstufe. (Foto: Bibliothek für Zeitgeschichte)*

02 **Schnelldampfer** *»Kronprinzessin Cecilie«. (Foto: R. C. Smith)*

03 Die riesigen Ausmaße des **Ozeanriesen** *kommen zur Geltung. (Foto: Archiv Autor)*

04 Der amerikanische Truppentransporter »Mount Vernon« ex »Kronprinzessin Cecilie« liegt nach dem Torpedotreffer vom 5. September 1918 zur **Reparatur** *im Trockendock von Brest. (Foto: US Navy)*

02

03

04

05

06

Nach einer Quelle sollen an Bord befindliche termingestresste Millionäre Geld gesammelt haben, um das Schiff für fünf Millionen Dollar zu kaufen, damit es unter amerikanischer Flagge gefahrlos nach Europa fahren konnte. Der Kapitän lehnte dieses Angebot – wobei fraglich bleibt, ob es dies überhaupt gegeben hat – allerdings ab.

Zunächst lief er stattdessen mit seinem Schiff in Bar Harbor im Bundesstaat Maine ein und verlegte später unter Begleitschutz der amerikanischen Marine nach Boston in Massachusetts. Dort wurde das Schiff interniert und nach dem Kriegseintritt der USA im April 1917 beschlagnahmt. Von der amerikanischen Marine übernommen und in »Mount Vernon« umbenannt, folgte dann der Einsatz als Truppentransporter.

Am 5. September 1918 wurde die »Mount Vernon« etwa 200 sm vor Brest von dem deutschen U-Boot »U 82« torpediert. Dank der stabilen Schiffstrukturen konnte sich das Schiff mit schwerer Schlagseite in den Hafen retten.

05 Blick in das sich über mehrere Decks erstreckende Innere des Maschinenraums der »Kronprinzessin Cecilie«. Im unteren Bilddrittel ist der Kolben von einer der beiden **Expansionsdampfmaschinen** *zu sehen. (Foto: Archiv Autor)*

06 Die **luxuriöse Einrichtung** *einer I.-Klasse-Kabine auf der »Kronprinzessin Cecilie«. (Foto: Archiv Autor)*

»Kronprinzessin Cecilie«

Reederei	*Norddeutscher Lloyd, Bremen, Deutschland*
Bauwerft	*A.G. Vulcan, Stettin, Deutschland*
Stapellauf	*1. Dezember 1906*
Vermessung	*19.360 BRT*
Länge / Breite	*215,30 m / 21,90 m*
Besatzungsstärke	*602 Personen*
Passagiere	*742 – 326 – 740 / I. – II. – III. Klasse*
Antrieb	*4 x Dampfmaschine*
Antriebsleistung	*40.000 PS / 45.000 PS (max.)*
Wellen	*2*
Geschwindigkeit	*23 kn*

07

Nach der Reparatur im Trockendock von Brest machte die »Mount Vernon« noch einige Fahrten zwischen Europa und den USA zur Rückführung amerikanischer Soldaten und wurde 1919 aufgelegt.

Sie blieb bis 1940 Reserveschiff der US Navy. Nachdem die britische Regierung eine Übernahme abgelehnt hatte, kommt es zur Verschrottung der ehemaligen »Kronprinzessin Cecilie«. Sie hatte damit dasselbe Schicksal wie ihr Schwesterschiff »Kaiser Wilhelm II«.

08

09

07 Schnelldampfer ***»Kronprinzessin Cecilie«****. (Foto: Hapag-Lloyd)*

08 In Zügen herangebrachte amerikanische Soldaten werden auf dem ***Truppentransporter*** *»Mount Vernon« ex »Kronprinzessin Cecilie« eingeschifft, um ihre Rückfahrt nach Amerika anzutreten. (Foto: Archiv Autor)*

09 Die »Kronprinzessin Cecilie« war schon eine gewaltige und ***imposante Erscheinung****. (Foto: Archiv Autor)*

»Olympic«

VIERTER SCHORNSTEIN ALS ATTRAPPE

02

03

WHITE STAR LINE.

R.M.S. OLYMPIC
Passenger List

Der Wegbereiter für eine neue Ära der großen und schnellen Luxusdampfer im Nordatlantik war die »Olympic« der White Star Line. Das erste Schiff des Schnelldampfer-Trios »Olympic«, »Titanic« und »Britannic« wurde bei Harland & Wolff in Belfast gebaut und lief am 20. Oktober 1910 vom Stapel.

Allein die enorme Größe von 45.324 BRT sorgte für viel Aufmerksamkeit und machte sie zum größten Schiff der Welt. Dem Sicherheitssystem des Schiffes – wie auch seiner beiden Schwesterschiffe – wurde große Bedeutung beigemessen und die Sinksicherheit mit »practically unsinkable« (praktisch unsinkbar) umschrieben.

Begründet wurde dies durch die insgesamt 16 im Schiffsrumpf vorhandenen Abteilungen, die durch Schottentüren wasserdicht verschlossen werden konnten, was für die damalige Zeit ein hohes Maß an Sicherheit darstellte.

Der erste Schiffsentwurf sah nur drei Schornsteine vor, was dann aber aus ästhetischen Gründen auf vier Schornsteine abgeändert wurde, zumal auch die deutsche und englische Konkurrenz mit Vier-Schornstein-Schiffen aufwarten konnte. Durch die Verwendung des vierten Attrappen-Schornsteins als Lüfter ließ sich auch die sonst notwendige hohe Anzahl von Windhutzen auf dem Deck reduzieren.

01 Die ***»Olympic«*** *beim Einlaufen in New York. (Foto: Archiv Autor)*

02 Die Schwesterschiffe »Titanic« (li) und »Olympic« (re) bei Harland & Wolff in Belfast ***im Bau****. (Foto: Robert John Welch)*

03 Beim ***Stapellauf*** *am 20. Oktober 1910 hatte der Rumpf der »Olympic« noch einen hellgrauen Anstrich. (Foto: Robert John Welch)*

04

05

06

07

04 Das Foto verdeutlicht die **Antriebsanlage** *der »Olympic«. Links der dreiblättrige Propeller der Backbordwelle und in der Mitte der von der Turbine angetriebene vierblättrige Propeller der Mittelwelle. Der Steuerbordpropeller ist nur andeutungsweise zu erkennen. Die abgebildete Person in der Bildmitte unten lässt die riesigen Ausmaße von Schiff, Ruderblatt und Schiffspropeller erahnen. (Foto: Robert John Welch)*

05 Die »Olympic« wird nach dem **Stapellauf** *am Ausrüstungskai fertiggestellt. (Foto: Archiv Autor)*

06 Die »Olympic« beim **Anlegemanöver** *in New York. (Foto: Archiv Autor)*

07 Der ebenfalls exklusiv eingerichtete **Leseraum** *der II. Klasse auf der »Olympic«. (Foto: Archiv Autor)*

Eine hohe Wirtschaftlichkeit beim Kohleverbrauch war eine wesentliche Forderung bei der Konstruktion des Schiffes. Eine neuartige Antriebsanlage kam daher zum Einbau. Sie bestand aus zwei konventionellen vierzylindrigen Dreifach-Expansionsdampfmaschinen mit je 15.000 PS und einer Niederdruck-Dampfturbine von 16.000 PS. Die auf die Mittelwelle geschaltete Turbine wurde durch den Abdampf der beiden Dampfmaschinen betrieben. Diese ungewöhnliche Kombination hatte zum einen den Vorteil einer ökonomischen Energieumsetzung und vermied zum anderen starke Vibrationen. Dies schlug sich in den Finanzen der Reederei und in dem Komfort für die Passagiere positiv nieder. Die außergewöhnliche Maschinenanlage des Drei-Wellen-Schiffes erwies sich im Betrieb als leistungsstark und ermöglichte eine Geschwindigkeit von 21 Knoten.

Bei der Innenausstattung der I. Klasse wurde ein bis dahin unbekanntes Ausmaß an Luxus umgesetzt. Auf dem Schiff fand man Einrichtungen wie sie sonst selbst an Land nur in wenigen Luxushotels vorhanden waren. Große Ballsäle, riesige Hallen und Gesellschaftsräume, weit geschwungenen Treppen sowie diverse Cafés und Salons und großzügige Promenaden zählten zu den Superlativen, die dem Schiff zugeordnet wurden. Die Verwendung kostbarer Holztäfelungen und die Ausstattung mit Marmor kamen hinzu. Auch die Qualität der Unterkünfte in der II. und III. Klasse übertraf jene vergleichbarer Einrichtungen auf älteren oder kleineren Schiffen deutlich.

Am 14. Juni 1911 trat die die »Olympic« unter Kapitän Edward John Smith, der im April 1912 als Kapitän der »Titanic« den Seemannstod fand, zu ihrer Jungfernreise von Southampton über Cherbourg und Queenstown nach New York an.

»Olympic«

Reederei	*White Star Line, Liverpool, Großbritannien*
Bauwerft	*Harland & Wolff, Belfast, Großbritannien*
Stapellauf	*20. Oktober 1910*
Vermessung	*45.324 BRT*
Länge / Breite	*269,04 m / 28,19 m*
Besatzungsstärke	*950 Personen*
Passagiere	*2435 Passagiere / I. – II. – III. -Klasse*
Antrieb	*2 x Dampfmaschine, 1 x Dampfturbine*
Antriebsleistung	*46.000 PS / 51.000 PS (max.)*
Wellen	*3*
Geschwindigkeit	*21 kn*

08

Die »Olympic« befand sich auf der Rückreise nach Europa, als sich das Unglück ihres Schwesterschiffes »Titanic« ereignete. Als sie den Notruf aufnahm, befand sie sich jedoch rund 500 Seemeilen von der Unglücksstelle entfernt. Trotz höchster Geschwindigkeit, die aus den Maschinen herausgeholt wurde, konnte sie keine Hilfe mehr bringen. Nach der »Titanic«-Katastrophe wurde die »Olympic« mit zusätzlichen Rettungsbooten, verstärkten Schotten und weiteren Sicherheitseinrichtungen ausgestattet. Ab März 1913 war sie wieder im Liniendienst der Reederei im Einsatz.

Im Ersten Weltkrieg erfolgte für den Schnelldampfer eine Verwendung als Truppentransporter. Am 12. Mai 1918 versenkte das Schiff durch einen Rammstoß das deutsche U-Boot »U 103«.

Nach dem Kriegsdienst wurde die »Olympic« wieder zu einem attraktiven Passagierschiff zurückverwandelt und bei den Arbeiten auch die Kesselanlage auf Ölbefeuerung umgestellt. Die Vermessung des Schiffes erhöhte sich dabei auf 46.439 BRT.

Ab 1920 wieder im Liniendienst auf der Nordatlantik-Route eingesetzt, blieb die »Olympic« bis zu ihrer Außerdienststellung im Jahr 1935 eines der beliebtesten und populärsten Schiffe im transatlantischen Passagierverkehr.

Nicht nur U-Boote, sondern auch andere Schiffe schien der Schnelldampfer »Olympic« wie ein Magnet anzuziehen.

09

08 Die **»Olympic«** *in mäßiger Fahrt auf dem Ozean. (Foto: Bibliothek für Zeitgeschichte)*

09 *Eine* **Werbepostkarte** *mit der Darstellung der »Olympic«. Die angegeben Schiffsgröße weist auf die Zeit nach dem Ersten Weltkrieg hin. Bemerkenswert ist auch die Tatsache, dass alle vier Schornsteine Rauchgase zeigen, obwohl der vierte Schornstein nur eine Attrappe ist. (Foto: Internationales Maritimes Museum Hamburg)*

10

Bereits im September 1911 kollidierte er mit dem englischen Kreuzer »Hawke«, was eine kostenintensive dreimonatige Reparatur erforderlich machte.

Auch die »Hawke« wurde bei der Havarie beschädigt und wäre bei dem Zusammenstoß beinahe gekentert. Am 22. Mai 1924 dann bei New York eine Kollision der »Olympic« mit dem Dampfer »Fort St. George«, welcher den Kurs der »Olympic« kreuzte und schwere Schäden erlitt. Im dichten Nebel rammte der Ozeanriese am 15. Mai 1934 das Feuerschiff von Nantucket, wobei das Feuerschiff sank und sieben seiner Besatzungsmitglieder den Tod fanden.

Seine offiziell letzte Reise beendete der Schnelldampfer »Olympic« am 12. April 1935 von New York kommend in Southampton. Danach wurde das Schiff in Jarrow am River Tyne abgewrackt.

11

13

12

14

10 Bei genauem Hinsehen kann man erkennen, dass der vierte Schornstein der »Olympic« nicht qualmt. Er war nur aus ästhetischen Gründen als **blinder Schornstein** an Bord und wurde zur Belüftung des Schiffes benutzt. (Foto: Internationales Maritimes Museum Hamburg)

11 Eine **Werbepostkarte** mit der Darstellung der »Olympic«. (Foto: Internationales Maritimes Museum Hamburg)

12 Die »Olympic« als **Truppentransporter** mit Tarnanstrich. (Foto: Archiv Autor)

13 Die Schwesterschiffe »Olympic« (li) und »Titanic« (re) liegen am 6. März 1912 noch gemeinsam im Heimathafen Southampton. Vier Wochen später gab es die **»Titanic«** nicht mehr. (Foto: Robert John Welch)

14 Das **Bootsdeck** der »Olympic«. (Foto: William H. Rau)

»Titanic«

DAS BEKANNTESTE SCHIFF ÜBERHAUPT

01

Kein Schiff ist wohl so bekannt wie das englische Passagierschiff »Titanic« der White Star Line. Der tragische Untergang infolge eines Zusammenstoßes mit einem Eisberg auf seiner Jungfernreise am 15. April 1912 war damals in den Schlagzeilen der Weltpresse und gibt auch heute immer wieder Anlass zu Veröffentlichungen. Unzählige Bücher wurden über das am 31. Mai 1911 auf der Werft Harland & Wolff in Belfast vom Stapel gelaufene Schiff geschrieben.

Die »Titanic« war nach der »Olympic« das zweite von drei Schwesterschiffen, die seinerzeit als die größten Schiffe der Welt galten. Die dritte Schwester »Britannic« kam allerdings erst Ende 1915 zur Ablieferung.

Beim Bau des mit 46.329 BRT vermessenen Schnelldampfers »Titanic« wurde die Sicherheit großgeschrieben. Doppelter Schiffsboden und sorgfältige Vernietung des Schiffsrumpfes versprachen ein Höchstmaß an Festigkeit. Außerdem unterteilten 15 elektrisch zu bedienende Querschotten das Schiff in 16 wasserdichte Abteilungen. Selbst zwei nebeneinander liegende vollgelaufene Abteilungen sollten das Schiff nicht zum Sinken bringen. Die »Titanic« galt mit diesen und anderen technischen Sicherheitsvorkehrungen als unsinkbar.

Vier Schornsteine prägten das äußere Bild des Schiffes, wobei allerdings Schornstein Nummer Vier eine Attrappe war und zur Be- und Entlüftung des Schiffes genutzt wurde. Dadurch brauchte die »Titanic« wesentlich weniger Lüfter an Deck als vergleichbare Schiffe. Außerdem: Schiffe mit vier Schornsteinen waren beim Reisepublikum sehr beliebt und bei der Konkurrenz im Einsatz.

02

Die Maschinenanlage des Drei-Schrauben-Schiffes bestand aus zwei vierzylindrigen Dreifach-Expansionsdampfmaschinen von jeweils 15.000 PS Leistung und einer Niederdruck-Dampfturbine von 16.000 PS, die mit dem Abdampf der beiden Dampfmaschinen betrieben wurde und auf die mittlere Welle geschaltet war. Die »Titanic« hatte eine Dienstgeschwindigkeit von 21 Knoten.

Die Innenausstattung der »Titanic« war in der I. Klasse durch beispiellosen Luxus geprägt. Glanz und Glamour waren angesagt, denn hier reisten Millionäre und Industriebosse. Mittelpunkt der I. Klasse war das zwischen dem ersten und zweiten Schornstein gelegene große Treppen-

01 Am 10. April 1912 legte um 12:00 Uhr in den Docks von Southampton das Passagierschiff »Titanic« zu seiner ***Jungfernreise*** *nach New York ab, von der es nicht mehr wiederkehren sollte. (Foto: Archiv Autor)*

01 Das im ***Bau*** *befindliche Passagierschiff »Titanic«. (Foto: Robert John Welch)*

03 *Am 31. Mai 1911 lief der Schnelldampfer »Titanic« auf der Werft Harland & Wolff in Belfast vom* **Stapel**. *(Foto: Archiv Autor)*

04 *Die »Titanic« verlässt den Hafen von* **Southampton**. *(Foto: Bibliothek für Zeitgeschichte)*

05 *Der Schnelldampfer »Titanic« auf dem Weg nach New York, wo er* **nie ankommen** *sollte. (Foto: F.G.O. Stuart)*

06 *Ein* **Gemälde** *vom Auslaufen der »Titanic«. (Foto: Internationales Maritimes Museum Hamburg)*

03

04

05

»Titanic«	
Reederei	*White Star Line, Liverpool, Großbritannien*
Bauwerft	*Harland & Wolff, Belfast, Großbritannien*
Stapellauf	*31. Mai 1911*
Vermessung	*46.329 BRT*
Länge / Breite	*269,04 m / 28,19 m*
Besatzungsstärke	*885 Personen*
Passagiere	*750 – 550 – 1100 / I. – II. – III. Klasse*
Antrieb	*2 x Dampfmaschine, 1 x Dampfturbine*
Antriebsleistung	*46.000 PS / 51.000 PS (max.)*
Wellen	*3*
Geschwindigkeit	*21 kn*

06

haus, das insgesamt sechs Decks miteinander verband. Dieses Treppenhaus gehörte zu den aufwendigsten und architektonisch meist durchdachten Räumen des Schiffes: Es war mit Eichenholz getäfelt und von einer Glaskuppel überragt. Weiterhin standen den Passagieren der I. Klasse pompöse Gesellschaftsräume, Speisesäle, Restaurants und Cafés, Lese- und Schreibsalon sowie ein besonders edel ausgestatteter Rauchsalon zur Verfügung. Drei Fahrstühle waren im Bereich der I. Klasse eingebaut.

Auch die Räumlichkeiten der II. Klasse waren noch als erstklassig zu bezeichnen und luxuriös ausgestattet. Dagegen war die III. Klasse wohnlich und schlicht eingerichtet. Im Bordleben wurde sorgfältig auf eine strenge Trennung der drei Passagiergruppen geachtet.

Am 10. April 1912 verließ die »Titanic« Southampton zu ihrer Jungfernreise, die über Cherbourg und Queenstown nach New York führen sollte. Am 14. April gingen über Funk mehrere Eiswarnungen ein. Die »Titanic«, sie stand etwa 600 Seemeilen östlich von Neufundland, fuhr jedoch mit unverminderter Geschwindigkeit von 21 Knoten weiter, weil man den Fahrplan einhalten wollte. Die oft kolportierte Meinung, sie sei auf das Blaue Band fixiert gewesen, ist nicht haltbar.

INTERNATIONAL MERCANTILE MARINE LINES
ALL OUR STEAMERS HAVE WIRELESS TELEGRAPH AND SUBMARINE SIGNALS

The Largest Steamers in the World

New 45,000 Tons Each **OLYMPIC** Sail from NEW YORK **April 13** 3 P. M.
MAY 4, 25, JUNE 15, JULY 6.

TITANIC **APRIL 20** 12 Noon
May 11, June 1 June 22, July 13

FRENCH A LA CARTE RESTAURANT, TURKISH & ELECTRIC BATHS, SWIMMING POOL, FOUR ELEVATORS, GYMNASIUM, VERANDAH CAFE, PALM COURT, SQUASH RACQUET COURT.

NEARBY SAILINGS
Baltic........ April 11. 12:00 Noon
Vaderland.... April 13. 10:00 A. M.
Minnewaska.. April 14.
Cedric........ April 18. 12:00 Noon

AMERICAN Pier 62, N. R. 9:30 A. M.
Plymouth—Cherbourg—Southampton
St. Paul....... May 4—St. Louis........May 11

ATLANTIC TRANSPORT
New York—London Direct, Pier 58, N.R.
Minnewaska........Apr. 14 | Minnehaha. May 11
Minnetonka. May 4, 10:30 AM | Minnew'ka. May 18

RED STAR Pier 61, N. R. 10 A. M.
London, Paris via Dover—Antwerp
Vaderland......Apr. 13 | Kroonland......Apr. 27
Lapland.........Apr. 20 | Finland..........May 4

WHITE STAR Piers 59 & 60, N. R.
Plymouth—Cherbourg—Southampton
Olympic (new) Ap. 13, 3 PM | Olympic (new)...May 4
Titanic (new). Ap. 20, n'n | Titanic (new)...May 11

New York—Queenstown—Liverpool
Baltic....Apr. 11, noon | Celtic ....Apr. 25
Cedric....Apr. 18, noon | Adriatic ....May 2

FROM BOSTON To The MEDITERRANEAN
CANOPIC, Ap. 27, 5 PM. CRETIC, May 18, 11 AM

CANADIAN SERVICE.
LARGEST STEAMERS FROM CANADA
MONTREAL VIA QUEBEC TO LIVERPOOL.
*CANADA May 4, June 1, June 29
MEGANTIC May 11, June 8, July 6
*TEUTONIC May 18, June 15, July 13
LAURENTIC May 25, June 22, July 20
*Only One Class of Cabin (II) Passengers.

PASSENGER DEPARTMENT, 9 BROADWAY, NEW YORK.

07

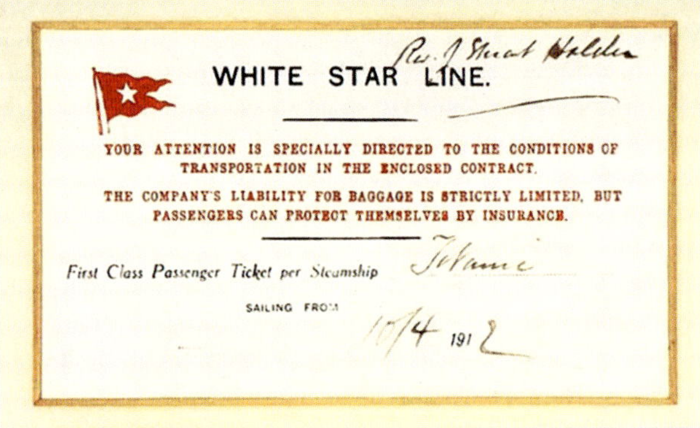

WHITE STAR LINE.

YOUR ATTENTION IS SPECIALLY DIRECTED TO THE CONDITIONS OF TRANSPORTATION IN THE ENCLOSED CONTRACT.

THE COMPANY'S LIABILITY FOR BAGGAGE IS STRICTLY LIMITED, BUT PASSENGERS CAN PROTECT THEMSELVES BY INSURANCE.

First Class Passenger Ticket per Steamship Titanic

SAILING FROM

10/4 1912

08

09

10

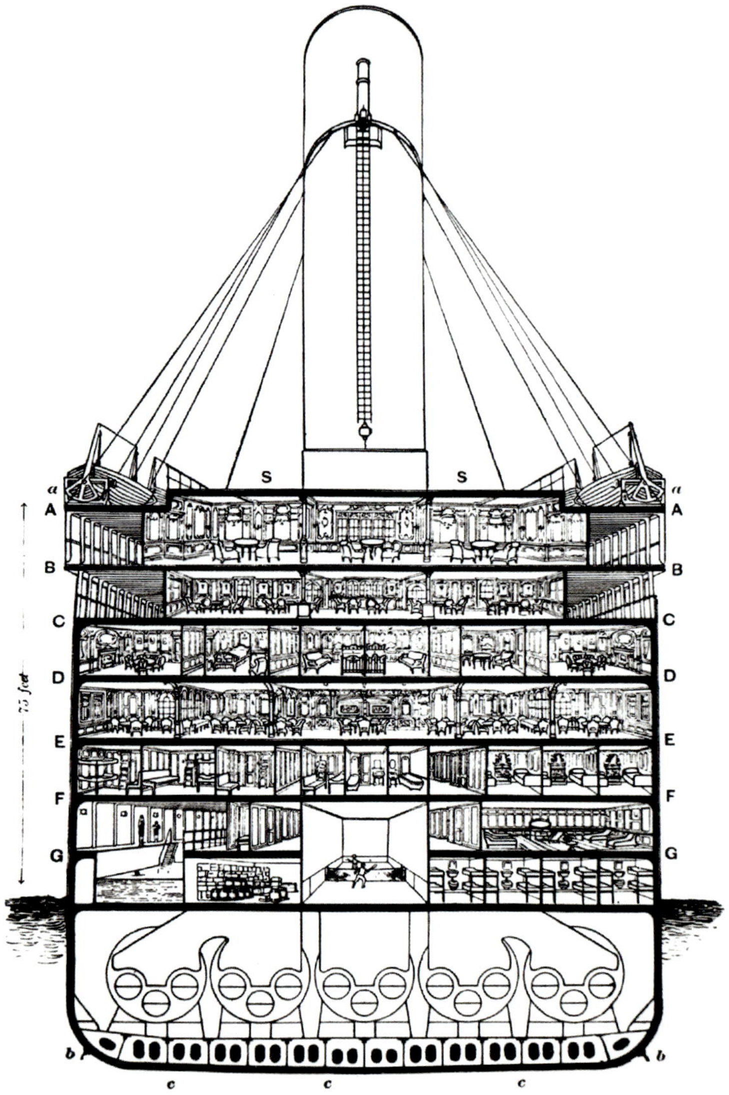

07 Eine **Anzeige** in der New York Times vom 10. April 1912 bewirbt unter anderem auch Reisen auf der »Olympic« und der »Titanic«. (Foto: Archiv Autor)

08 Eine am 10. April 1912 ausgestellte **Fahrkarte** zur Mitfahrt auf der »Titanic« in der I. Klasse. (Foto: Archiv Autor)

09 Eine **Werbepostkarte** mit der Darstellung der »Titanic«. (Foto: Internationales Maritimes Museum Hamburg)

10 Auf diesem **Plakat** bewirbt die White Star Line ihre Schiffe »Olympic« und »Titanic«. (Foto: Georges Jansoone)

11 **Schnittbild** der »Titanic«:

S = Sonnendeck – A = oberes Promenadendeck – B = verglastes Promenadendeck – C = oberes Deck
D = Salondeck – E = Hauptdeck – F = Mitteldeck – G = unteres Deck
a = Rettungsboote – b = Bilge – c = Doppelboden
(Foto: Archiv Autor)

12 Die **Seitenrisszeichnung** *lässt gut den Aufbau der Maschinenanlage erkennen. Unter dem vierten (Blind-)Schornstein ist die Dampfturbine für die Mittelwelle zu sehen. In der Abteilung davor steht die Steuerbord-Expansionsdampfmaschine. Unter den drei vorderen (aktiven) Schornsteinen sind die Kessel und Feuerstellen zur Erzeugung des Dampfes zu finden. (Foto: Pavel Sazonow / CC-BY-SA 4.0)*

13

14

15

Die damalige Inhaberin, der englische Schnelldampfer »Mauretania« der Cunard Line, hielt die Trophäe mit 26,06 Knoten, also weit mehr als die »Titanic« überhaupt in der technischen Auslegung der Antriebsanlage an Geschwindigkeit erreichen konnte.

Um 23:40 h meldete der Ausguck dem Wachoffizier »Eisberg recht voraus«. Das sofort eingeleitete Ausweichmanöver zeigte jedoch keine Wirkung mehr. Die »Titanic« streifte den Eisberg und riss sich dabei die Steuerbordseite auf einer Länge von fast 100 Meter auf. Gewaltige Wassermassen strömten ins Vorschiff und brachten die »Titanic« innerhalb von zweieinhalb Stunden zum Sinken. Bei dieser bis dahin größten Schiffskatastrophe verloren 1522 Menschen ihr Leben.

13 Der **Trimm- und Fitnessraum** *auf der »Titanic«. (Foto: Robert John Welch)*

14 Eine **Kabine** *der gehobenen Kategorie. (Foto: Internationales Maritimes Museum Hamburg)*

15 Das **Schwimmbad** *auf der »Titanic«. (Foto: Bernard Walker)*

THE NEW YORK HERALD.

NEW YORK, TUESDAY, APRIL 16, 1912.—TWENTY-EIGHT PAGES. PRICE THREE CENTS.

THE TITANIC SINKS WITH 1,800 ON BOARD; ONLY 675, MOSTLY WOMEN AND CHILDREN, SAVED

MOST APPALLING DISASTER IN MARINE HISTORY OCCURS WHEN WORLD'S LARGEST STEAMSHIP STRIKES GIGANTIC ICEBERG AT NIGHT

Scores of World's Most Widely Known Persons, Including Colonel John Jacob Astor and His Wife, William T. Stead and Isidor Straus Among Those Whose Fate Is in Doubt.

J. Bruce Ismay, Head of the White Star Line; Mr. and Mrs. George D. Widener, the Countess of Rothes and Mrs. Henry B. Harris Are Some of Those Saved.

16

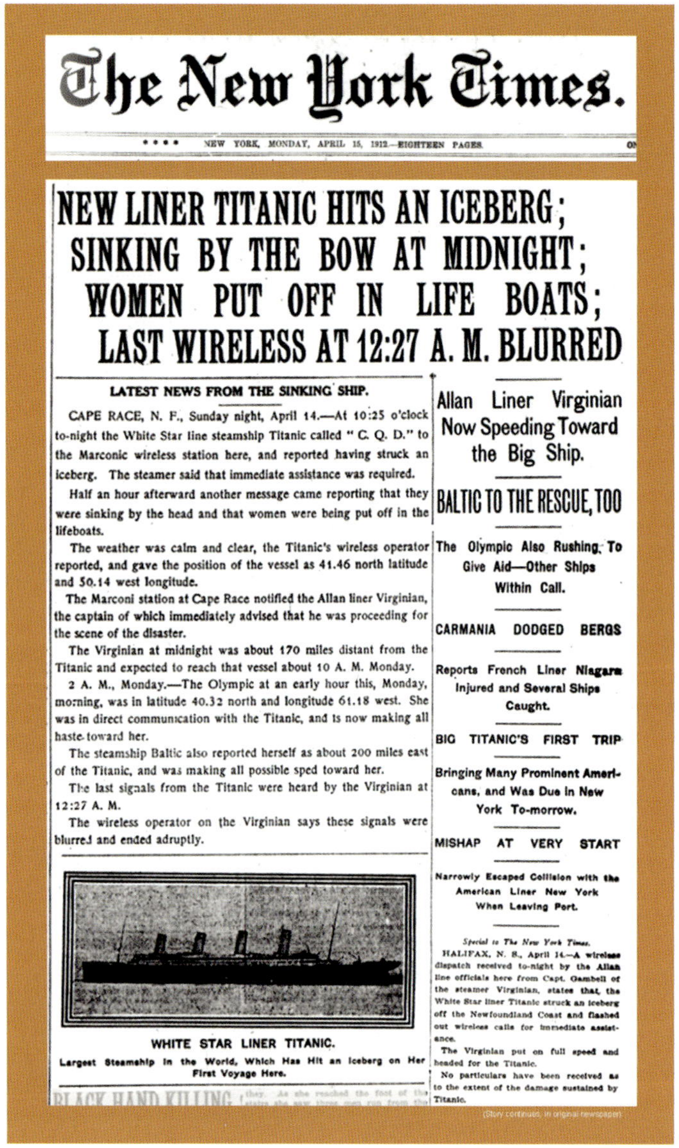
The New York Times.

NEW YORK, MONDAY, APRIL 15, 1912.—EIGHTEEN PAGES.

NEW LINER TITANIC HITS AN ICEBERG; SINKING BY THE BOW AT MIDNIGHT; WOMEN PUT OFF IN LIFE BOATS; LAST WIRELESS AT 12:27 A. M. BLURRED

LATEST NEWS FROM THE SINKING SHIP.

CAPE RACE, N. F., Sunday night, April 14.—At 10:25 o'clock to-night the White Star line steamship Titanic called "C. Q. D." to the Marconi wireless station here, and reported having struck an iceberg. The steamer said that immediate assistance was required.

Half an hour afterward another message came reporting that they were sinking by the head and that women were being put off in the lifeboats.

The weather was calm and clear, the Titanic's wireless operator reported, and gave the position of the vessel as 41.46 north latitude and 50.14 west longitude.

The Marconi station at Cape Race notified the Allan liner Virginian, the captain of which immediately advised that he was proceeding for the scene of the disaster.

The Virginian at midnight was about 170 miles distant from the Titanic and expected to reach that vessel about 10 A. M. Monday.

2 A. M., Monday.—The Olympic at an early hour this, Monday, morning, was in latitude 40.32 north and longitude 61.18 west. She was in direct communication with the Titanic, and is now making all haste toward her.

The steamship Baltic also reported herself as about 200 miles east of the Titanic, and was making all possible sped toward her.

The last signals from the Titanic were heard by the Virginian at 12:27 A. M.

The wireless operator on the Virginian says these signals were blurred and ended adruptly.

Allan Liner Virginian Now Speeding Toward the Big Ship.

BALTIC TO THE RESCUE, TOO

The Olympic Also Rushing To Give Aid—Other Ships Within Call.

CARMANIA DODGED BERGS

Reports French Liner Niagara Injured and Several Ships Caught.

BIG TITANIC'S FIRST TRIP

Bringing Many Prominent Americans, and Was Due in New York To-morrow.

MISHAP AT VERY START

Narrowly Escaped Collision with the American Liner New York When Leaving Port.

Special to The New York Times.

HALIFAX, N. S., April 14.—A wireless dispatch received to-night by the Allan line officials here from Capt. Gambell of the steamer Virginian, states that the White Star liner Titanic struck an iceberg off the Newfoundland Coast and flashed out wireless calls for immediate assistance.

The Virginian put on full speed and headed for the Titanic.

No particulars have been received as to the extent of the damage sustained by Titanic.

WHITE STAR LINER TITANIC.

Largest Steamship in the World, Which Has Hit an Iceberg on Her First Voyage Here.

(Story continues in original newspaper)

17

16 Auf der Titelseite des **New York Herald** vom 15 April 1912 wird über die Schiffskatastrophe der »Titanic« berichtet. (Foto: Archiv Autor)

17 Die **New York Times** berichtet am 15. April 1912 über die »Titanic«-Katastrophe. (Foto: Archiv Autor)

18 Eine Aufnahme der »Titanic« vom 11. April 1912 vor der **südirischen Küste.** (Foto: Archiv Autor)

19 Eines der nach der Schiffskatastrophe mit Überlebenden aufgefundenen **Rettungsboote** der »Titanic«. (Foto: Archiv Autor)

20 Eine Unterwasseraufnahme vom Juni 2004 von dem in 3740 Metern Tiefe liegenden **Wrack** der »Titanic«. Die abgebildete Bugspitze war damals noch recht gut erhalten. (Foto: Archiv Autor)

Die Notrufe des Passagierschiffes wurden von in der Nähe stehenden Schiffen nicht gehört, da ihre Funkräume zu dieser Stunde nicht mehr besetzt waren. Nur dem Dampfer »Carpathia« gelang es etliche Stunden später 705 Schiffbrüchige zu retten. Das Unglück der »Titanic« führte zu neuen Gesetzen und neuen Bestimmungen hinsichtlich der Sicherheit auf See. Neben schiffbaulichen Maßnahmen wurden unter anderem ausreichend Rettungsboote und die 24-stündige Besetzung von Funkräumen vorgeschrieben.

Am 1. September 1985 entdeckte eine französisch-amerikanische wissenschaftliche Expedition das Wrack der »Titanic« in 3740 Meter Tiefe. In einer zweiten Expedition wurde ein Jahr später mit einem Tauchboot das Wrack und das dieses umgebende Trümmerfeld ausgiebig erkundet und fotografiert. Zahlreiche weitere Expeditionen mit Tauchrobotern folgten in den Jahren danach.

18

19

20

»Imperator«

EIN NEUER MARITIMER SUPERLATIV

01

In Deutschland verfolgte Albert Ballin, der Generaldirektor der Hamburg-Amerikanischen Packetfahrt-Actien-Gesellschaft (Hamburg Amerika Line, HAPAG), sehr aufmerksam die Entwicklung in England und nahm ohne zu zögern die Herausforderung an. Die Cunard Line und die White Star Line hatten mit der »Lusitania«- und der »Olympic«-Klasse ein Tonnage-Karusell gestartet, auf dem nun Ballin ebenfalls mitfahren wollte, und das gleich mit drei Schiffen. Rückschauend betrachtet bildeten die in Auftrag gegebenen Schnelldampfer »Imperator«, »Vaterland« und »Bismarck« den Abschluss eines friedlichen nordatlantischen Wettrüstens zwischen deutschen und englischen Reedereien. Mit über 50.000 BRT sind die Schiffe der »Imperator«-Klasse als neuer maritimer Superlativ anzusehen. Sie waren bis in die 1930er Jahre die größten Schiffe der Welt.

Ursprünglich sollte das erste Schiff »Europa« heißen, aber auf Wunsch des kaiserlichen Freundes – Kaiser Wilhelm II pflegte eine Freundschaft zu Albert Ballin – kam es zu dem Namen »Imperator« und auch zu dem männlichen Artikel. Letzteres ist in der Schifffahrt äußerst außergewöhnlich, wird doch jedes Schiff als weiblich angesehen. Aber Ausnahmen bestätigen die Regel.
Der »Imperator« entstand auf der Vulcan Werft in Stettin und lief dort am 23. Mai 1912 vom Stapel. Getauft wurde das Schiff – wie hätte es anders sein können – in einer äußerst prunkvollen und aufwendig inszenierten Festveranstaltung von Kaiser Wilhelm II persönlich.

02

03

04

01 Der Schnelldampfer ***»Imperator«*** *als Ankerlieger auf der Elbe. (Foto: Bibliothek für Zeitgeschichte)*

02 Die Abbildung zeigt den »Imperator« noch vor seiner Jungfernfahrt im ***Hamburger Hafen****. (Foto: Hapag-Lloyd)*

03/04 Als Zierde war ein groß dimensionierter ***Adler*** *am Bug des » Imperator« angebracht, der allerdings in einem schweren Atlantiksturm seine Schwingen verlor. (Fotos: Archiv Autor)*

05

05 Die Ankunft oder die Abfahrt des »Imperator« lockte immer eine große Menschenmenge auf die **Pier.** *(Foto: Archiv Autor)*

06 Die Schrauben und das Ruder des »Imperator« lassen im Vergleich mit den Werftarbeitern die großen Dimensionen des Schiffes deutlich werden. (Foto: Archiv Autor)

»Imperator«

Reederei	*HAPAG, Hamburg, Deutschland*
Bauwerft	*A.G. Vulcan, Stettin, Deutschland*
Stapellauf	*23. Mai 1912*
Vermessung	*52.117 BRT*
Länge / Breite	*277,10 m / 29,90 m*
Besatzungsstärke	*1180 Personen*
Passagiere	*908 – 972 – 942 / I. – II. – III. Klasse, 1772 Zwischendeck*
Antrieb	*4 x Dampfturbine*
Antriebsleistung	*62.000 PS / 74.000 PS (max.)*
Wellen	*4*
Geschwindigkeit	*23 kn*

Der »Imperator« war mit 51.117 BRT vermessen und stellte alles bisher im Schiffbau Vorhandene in den Schatten. Wohl noch unter dem Eindruck der »Titanic«-Katastrophe wurde in der Werbung der Reederei immer wieder betont, dass beim Bau des »Imperator« größter Wert auf Navigations- und Sicherheitseinrichtungen gelegt wurde.
Auch der Hinweis, dass im Notfalle für alle Passagiere Platz in den mitgeführten seetüchtigen Rettungsbooten vorhanden sei, durfte nicht fehlen.

Als erstes Seeschiff hatte der »Imperator« auch zwei Barkassen mit Benzinmotor an Bord. Zahlreiche wasserdichte Abteilungen mit Längs- und Querschotten, deren Türen fernbedient geschlossen werden konnten, sorgten ebenfalls für eine ausreichende Sicherheit im Havariefall.
Besonderer Erwähnung bedarf noch der groß dimensionierte Adler, der als Bugzier angebracht war und markantes Zeichen des »Imperator« war. Aus Bronze gefertigt hatte er 16 Meter

06

07

08

09

Flügelspannweite. Auf dem Kopf trug er eine Kaiserkrone und in den Fängen hielt er eine Weltkugel mit einer Banderole, auf der der Leitspruch Albert Ballins zu lesen war: »Mein Feld ist die Welt«. In einem schweren Atlantiksturm verlor der Adler im Frühjahr 1914 seine ausgebreiteten Schwingen. Sie wurden daraufhin nicht mehr erneuert, der restliche Adler kamen von Bord.

Die Antriebsanlage des »Imperator« war in Deutschland ein absolutes Novum. Sie bestand aus vier Dampfturbinen mit insgesamt 62.000 PS. Sie wirkten auf je eine Welle und verliehen dem Schiff eine Geschwindigkeit von 23 Knoten. Drei Schornsteine sorgten für die Ableitung der Rauchgase. Obwohl nicht mit dem Blick auf das begehrte und prestigeträchtige Blaue Band geplant, war damit der »Imperator« doch ein sehr schnelles Schiff. Er hatte als erstes deutsches Passagierschiff einen Vier-Wellen-Antrieb.

»Der »Imperator« übertrifft alles, was die Schiffbauindustrie bisher vorgebracht hat. Nicht die geringste Vibration, selbst bei voller Fahrt. Kein Rollen, auch nicht bei schwerem Wetter. Ein wunderbares Schiff«, so die fachliche Bewertung des Leitenden Ingenieurs der Belfaster Werft Harland & Wolff, die einige Jahre zuvor die »Amerika« für die HAPAG gebaut hatte.

In ihrer Ausstattung setzte der »Imperator« und auch seine Schwesterschiffe wieder neue Maßstäbe. Gesellschaftsräume und Kabinen der I. Klasse waren überaus luxuriös und prächtig ausgestattet. Opulente und luxuriöse Ausstattung waren schließlich das neue Konzept der Reederei.
Die Kabinen der II. Klasse waren für zwei bis vier Personen ausgelegt, die der III. Klasse für zwei bis sechs Personen. Im sogenannten Zwischendeck waren die Auswanderer in ganz bescheidenem Rahmen ebenfalls kajütenähnlich untergebracht. Weiterhin gab es auf dem »Imperator« Schwimmbäder und – für ein Schiff wirklich außergewöhnlich – ein Gewächshaus, um während der Überfahrt die Kombüse mit frischen Kräutern versorgen zu können.
Die Jungfernreise der »Imperator« ging von Cuxhaven nach New York und begann am 10. Juni 1913 und auch danach blieb das Schiff im Nordatlantik-Dienst der

07 Der ***Buganker*** *des Schnelldampfers »Imperator«. Im Vergleich mit den Werftarbeitern lässt sich dessen Größen erahnen. (Foto: Archiv Autor)*

08 Der Schnelldampfer »Imperator« legt mit ***Schlepperunterstützung*** *in New York an. (Foto: Archiv Autor)*

09 Ein ***Werbeplakat*** *zur Mitfahrt auf dem Schnelldampfer »Imperator«. Die dort beworbene Weltreise kam allerdings nicht zustande. (Foto: Archiv Autor)*

10 Unter dem Namen ***»Berengaria«*** *fuhr der Schnelldampfer »Imperator« nach dem Ersten Weltkrieg unter englischer Flagge. (Foto: Bibliothek für Zeitgeschichte)*

11 Der Schnelldampfer »Imperator« ist auf der ***Elbe*** *unterwegs. (Foto: Hapag-Lloyd)*

12 Der ***ehemalige*** *Schnelldampfer »Imperator« als Schnelldampfer »Berengaria«. (Foto: Bibliothek für Zeitgeschichte)*

13 Am 12. August 2010 erinnerte die ***Deutsche Post*** *mit einer Briefmarken-Ausgabe an den Schnelldampfer »Imperator«. (Foto: Hans Karr)*

10

11

12

HAPAG im Einsatz. Schnell zeigten sich jedoch Stabilitätsprobleme. Der »Imperator« war topplastig. Im November wurden daher die Schornsteine um drei Meter gekürzt und in die oberen Decks kam leichteres Mobiliar. Außerdem erhielt der Schnelldampfer eine zusätzliche Ölbefeuerung.

Der Einsatz des »Imperator« im Nordatlantik währte jedoch nicht lange. Der Erste Weltkrieg beendete zunächst seine Karriere als schwimmendes Luxushotel. Für die Dauer des Krieges blieb das Schiff in Hamburg aufgelegt.
Nach Kriegsende musste der »Imperator« an die USA als Kriegsbeute abgetreten werden und diente zunächst als Truppentransporter der Rückführung amerikanischer Soldaten. Anfang 1920 wechselte das Schiff seinen Besitzer und fuhr jetzt unter englischer Flagge als Passagierschiff für die Cunard Line. Es erhielt den neuen Namen »Berengaria«. Es folgten Umbauten in den Passagiereinrichtungen und die Umstellung der Kesselbefeuerung auf Öl. Die Vermessung erhöhte sich bei diesen Maßnahmen auf 52.226 BRT.

Das Ende der »Berengaria« bahnte sich im März 1938 an. Ein Brand in den Passagierdecks beschädigte das Schiff schwer und es kehrte ohne Fahrgäste von New York nach Southampton zurück, um dort aufgelegt zu werden. Von 1939 bis 1946 wurde die »Berengaria« abgewrackt.

13

»Vaterland«

GESAMTTURBINENLEISTUNG VON 60.000 PS

01

Der Schnelldampfer »Vaterland« war das zweite Schiff der »Imperator«-Klasse der Hamburg-Amerikanischen Packetfahrt-Actien-Gesellschaft (Hamburg Amerika Linie, HAPAG). Im Wettbewerb mit der Vulcan Werft in Stettin hatte sich die Hamburger Werft Blohm+Voss durchsetzen können und den Bauauftrag erhalten. Die Werft überzeugte dabei durch ein besseres finanzielles Angebot wie auch durch einen überlegenen Schiffsentwurf. Am 3. April 1913 lief der neue Schnelldampfer vom Stapel und wurde seinem Element übergeben.

Die mit 54.282 BRT vermessene »Vaterland« war etwas größer als das Schwesterschiff »Imperator« und ist bis heute das größte jemals unter deutscher Flagge gefahrene Passagierschiff und zugleich auch das größte mit Kohlefeuerung betriebene Dampfschiff der Geschichte.

An Nutzlast konnten etwa 330 Tonnen an Ladung mitgenommen werden sowie einige tausend Postsäcke. Für die Mitnahme von vier bis fünf Autos der Passagiere gab es einen speziellen Automobilraum.

Mit vier Dampfturbinen erreichte das Vier-Wellen-Schiff eine Geschwindigkeit von 23,5 Knoten. Zusammen hatten die Turbinen eine Leistung von 60.000 PS.

Die Passagiere der I. Klasse genossen wieder eine Fülle von Annehmlichkeiten, die in ihrer Größe und Ausführung selbst gegenüber dem »Imperator« neue Maßstäbe setzten. Mittelpunkt waren die öffentlichen Räume wie der riesige, mit Eichenholz getäfelte und zwei Decks hohe Gesellschaftsraum, der Palmengarten mit zahlreichen Pflanzen oder das Ritz-Carlton-Restaurant, wo gegen einen Aufpreis Gerichte à la carte bestellt werden konnten.

02

01 Mit Spielen und Sonnenbaden vertreiben sich Fahrgäste an ***Oberdeck*** *die Zeit. (Foto: Hapag-Lloyd)*

02 Der Schnelldampfer ***»Vaterland« im Dock****. (Foto: Bundesarchiv / Bild 137-022366 / CC-BY-SA 3.0)*

03

»Vaterland«

Reederei	*HAPAG, Hamburg, Deutschland*
Bauwerft	*Blohm+Voss, Hamburg, Deutschland*
Stapellauf	*3. April 1913*
Vermessung	*54.282 BRT*
Länge / Breite	*289,20 m / 30,50 m*
Besatzungsstärke	*1234 Personen*
Passagiere	*752 – 535 – 850 / I. – II. – III. Klasse, 1540 Zwischendeck*
Antrieb	*4 x Dampfturbine*
Antriebsleistung	*60.000 PS / 90.400 PS (max.)*
Wellen	*4*
Geschwindigkeit	*23,5 kn*

Ein Kartenspielzimmer und ein Lese- und Schreibsalon – gleichzeitig als Aufenthaltsraum für die Damen gedacht – sowie eine Turn- und Gymnastikhalle waren vorhanden. Zwei Treppenhäuser verbanden die Räumlichkeiten.

Auch die II. Klasse der »Vaterland« war mit zahlreichen großzügigen Räumlichkeiten ausgestattet und die Reisenden konnten manchen Komfort genießen. Die einfachere III. Klasse unterschied sich wiederum von dem Zwischendeck durch die deutlich bessere Unterkunft sowie dem besseren Bordservice.

03 Der Schnelldampfer »Vaterland« hat scheinbar Cuxhaven verlassen und seine Überfahrt nach New York angetreten. Viele an **Oberdeck** *stehenden Fahrgäste werfen nochmals einen Blick zurück. (Foto: Hapag-Lloyd)*

04 Der Schnelldampfer »Vaterland« kurz vor dem **Ablegen** *in Cuxhaven. (Foto: Hapag-Lloyd)*

04

05

05 Eine der vier **Dampfturbinen** des Schnelldampfers »Vaterland«. (Foto: Blohm+Voss)

06

08

07

Die Jungfernreise der »Vaterland begann am 14. Mai 1914 in Cuxhaven und führte über Southampton und Cherbourg nach New York. Die »Vaterland« war nur kurze Zeit für drei Rundreisen im Nordatlantik-Dienst der HAPAG eingesetzt. Nach dem Beginn des Ersten Weltkriegs erfolgte im August 1914 die Internierung in New York, wo sich der Schnelldampfer gerade turnusmäßig zum vierten Mal aufgehalten hatte.

Im April 1917 drohte nach dem Kriegseintritt der USA die Beschlagnahmung. Kessel- und Maschinenanlagen wurden daher von der Besatzung beschädigt, was aber letztendlich nichts nutzte. Nach der Reparatur fuhr die »Vaterland« unter dem neuen Namen »Leviathan« bei der amerikanischen Marine als Truppentransporter.

Im November 1919 aufgelegt, führte man 1922 / 1923 einen Umbau und die Wiederherstellung als Passagierschiff durch. Elf Jahre war die »Leviathan« als solches dann noch unter amerikanischer Flagge im Einsatz, um im September 1934 erneut und endgültig aufgelegt zu werden. Im Januar 1938 begann die Verschrottung des Ozeanriesen.

06 ***Badestunde*** *für die Damen im Schwimmbad der I. Klasse auf der »Vaterland«. (Foto: Archiv Autor)*

07 ***Werftarbeiter*** *bei der Montage der Schiffsschrauben. (Foto: Archiv Autor)*

07 Der ***Gesellschaftsraum*** *der I. Klasse auf der »Vaterland«. (Foto: Hapag-Lloyd)*

»Aquitania«

LAUFRUHE DER TURBINEN VERMEIDET VIBRATIONEN

01

Der Bau des Schnelldampfers »Aquitania« hat seinen Ursprung in der Rivalität der beiden englischen Reedereien White Star Line und Cunard Line. Die Schnelldampfer »Olympic«, »Titanic« und die in der Planung befindliche »Britannic« von der White Star Line waren größer als die beiden Cunard Schiffe »Mauretania« und »Lusitania«. Mit beiden letztgenannten Schwesterschiffen und Blaues-Band-Trägerinnen hatte die Cunard Line eine fast unangefochtene Spitzenstellung im transatlantischen Passagierverkehr erreicht. Das galt es nun zu sichern zumal auch die deutschen Konkurrenten das Geschehen im Atlantikverkehr maßgeblich mitbestimmten.

Gebaut wurde die »Aquitania« auf der Werft John Brown & Company in Clydebank bei Glasgow. Der Stapellauf des Vier-Schornstein-Schnelldampfers fand am 21. April 1913 statt.

Insbesondere die »Olympic« der White Star Line sollte mit der »Aquitania« übertroffen werden. Allerdings erreichte die »Aquitania« nicht die angestrebte Größe von 47.000 BRT und blieb bei »nur« 45.647 BRT diesbezüglich in etwa gleichwertig. Mit 274,90 Meter war sie jedoch das längste englische Passagierschiff.

Vier Dampfturbinen mit einer Gesamtleistung von 56.000 PS wirkten jeweils auf eine Welle und ermöglichten eine Geschwindigkeit 23 Knoten. Für die Rückwärtsfahrt waren für die beiden Innenwellen gesonderte Dampfturbinen vorhanden. Die Turbinen hatten eine große Laufruhe, was Vibrationen, wie sie auf anderen Schnelldampfern fast die Regel waren, vermied. Die Kesselanlage des Schiffes wurde 1919 / 1920 auf eine wirtschaftlichere und leistungsfähigere Ölbefeuerung umgestellt.

01

02

01 Eine Aufnahme der ***»Aquitania«*** *aus den 1920er Jahren. (Foto: Archiv Autor)*

02 Der Schnelldampfer »Aquitania« im April 1913 kurz vor dem ***Stapellauf.*** *(Foto: Archiv Autor)*

03

04

05

03 Der **Maschinen-Leitstand** *(Kontrollraum) auf der »Aquitania«. (Foto: Archiv Autor)*

04 Die **I. Klasse Lounge** *auf der »Aquitania«. (Foto: Archiv Autor)*

05 Der **Speisesaal** *der II. Klasse ...*

06 *... und zum Vergleich der* **I. Klasse Speisesaal**. *(Fotos: Archiv Autor)*

07 Schnelldampfer **»Aquitania«**. *(Foto: Bibliothek für Zeitgeschichte)*

»Aquitania«

Reederei	*Cunard Line, Liverpool, Großbritannien*
Bauwerft	*John Brown & Company, Clydebank, Großbritannien*
Stapellauf	*21. April 1913*
Vermessung	*45.647 BRT*
Länge / Breite	*274,90 m / 29,56 m*
Besatzungsstärke	*972 Personen*
Passagiere	*613 – 614 – 1998 / I. – II. – III. Klasse*
Antrieb	*4 x Dampfturbine, 2 x Dampfturbine*
Antriebsleistung	*56.000 PS / 60.000 PS (max.)*
Wellen	*4*
Geschwindigkeit	*23 kn*

06

07

In der Raumgestaltung ähnelte die »Aquitania« der »Lusitania« und der »Mauretania«, doch die deutliche Größensteigerung erlaubte den Komfort für die Passagiere ebenfalls wesentlich zu erhöhten.

Die I. Klasse verfügte über exklusiv ausgestattete und großzügige Räumlichkeiten, Kabinen und Suiten. Es gab einen Lese- und Schreibsalon, in dem großen Treppenhaus ein Foyer, eine beeindruckende und reich verzierte Lounge sowie ein mit dunklem Holz getäfelter Rauchsalon und ein Terrassencafé. Der zwei Decks hohe Speisesaal war im Stil Ludwigs XVI in Weiß, Gold und Pastelltönen verziert. Zur körperlichen Ertüchtigung waren ein Schwimmbad sowie ein Sport- und Gymnastikraum vorhanden.

Die Ausstattung der II. Klasse war – in abgestufter Form – ebenfalls von hohem Niveau. Auch hier gab es unter anderem einen großen Speisesaal, einen Schreibsalon, eine Lounge, ein Rauchsalon und ein eigenes Verandacafé.

Die III. Klasse war zunächst recht spartanisch als Auswandererklasse konzipiert und wurde in den 1920er Jahren zu einer Touristenklasse umgestaltet. Geräumige Mehrbettkabinen, ein großzügiger Speisesaal, mehrere öffentliche Räume sowie überdachte Promenadendecks wurden dort den Passagieren geboten.
Im englischen Sprachraum wurde die »Aquitania« aufgrund ihrer noblen Ausstattung und der eleganten Linienführung als »The Ship Beautiful« (Das schöne Schiff) bezeichnet.

08

09

08 Der I. Klasse **Rauchsalon** und …

09 … der **Rauchsalon** der II. Klasse auf der »Aquitania«. (Fotos: Archiv Autor)

10 First Class **Garden** Lounge. (Foto: Archiv Autor)

11 Das II. Klasse **Verandacafé** auf der »Aquitania«. (Foto: Archiv Autor)

10

11

12

13

12 Eine I. Klasse **Kabine** auf der »Aquitania«. (Foto: Archiv Autor)

13 Eine I. Klasse **Suite** auf der »Aquitania«. (Foto: Archiv Autor)

Die Jungfernreise der »Aquitania« begann am 30. Mai 1914 und führte von Liverpool nach New York. Der Einsatz im Nordatlantik-Dienst der Reederei währte jedoch nur drei Rundreisen. Mit Ausbruch des Ersten Weltkriegs wurde der Schnelldampfer von der Royal Navy requiriert und zum Hilfskreuzer ausgerüstet. Doch schon im September wieder zurückgebaut und aufgelegt.

Im Frühjahr 1915 dann wieder Militärdienst als Truppentransporter. Im Sommer 1915 kam die Umrüstung und anschließende bis 1917 dauernde Verwendung als Lazarettschiff. Danach brachte die »Aquitania« als Truppentransporter amerikanische Soldaten von den USA nach Europa und wurde im Dezember 1918 »aus dem Militärdienst entlassen«.

Nach Umbau und Modernisierung begann für das Schiff im Juli 1920 wieder der Nordatlantik-Dienst für die Cunard Line, der gelegentlich durch Kreuzfahrten im Mittelmeer unterbrochen wurde.

Mit Beginn des Zweiten Weltkriegs wurde die »Aquitania« wieder erneut von der Royal Navy beansprucht. Es folgten Kriegseinsätze als Truppentransporter. Rund 7400 Soldaten konnte das Schiff an Bord nehmen. Es kam sowohl im atlantischen wie auch im asiatisch-pazifischen Seekriegsschauplatz zum Einsatz. Im Jahre 1948 erhielt die Cunard Line ihr Schiff wieder zurück.

Während des Ersten und Zweiten Weltkriegs legte die »Aquitania« als Hilfsschiff der Marine rund 500.000 Seemeilen zurück und transportierte dabei 400.000 Soldaten.

Bis Dezember 1949 war das Schiff – allerdings ohne den früheren Luxus – noch im Auswandererdienst nach Kanada eingesetzt. Der betagte Schnelldampfer, einst das Flaggschiff der Cunard Line und »Das Schöne Schiff« genannt, wurde anschließend zum Abwracken und Verschrotten verkauft. In ihren 35 Dienstjahren hatte die »Aquitania« mehr als drei Millionen Seemeilen zurückgelegt.

»Columbus«/»Homeric«

BAUSTOPP DURCH KRIEGSAUSBRUCH

02

Dem von den konkurrierenden englischen und deutschen Redereien in den letzten Jahren vor dem Ersten Weltkrieg forcierten Trend zum großen und luxuriös ausgestatteten Passagierschiff mit Dampfturbinenantrieb konnte sich der Norddeutsche Lloyd (NDL) nicht entziehen.

Auf der Schichau Werft in Danzig gingen daher zwei Passagierschiffe in Auftrag, die die Namen »Columbus« und »Hindenburg« erhalten sollten. Allerdings konnte sich der Norddeutsche Lloyd nicht zum Turbinenantrieb entscheiden und blieb bei den herkömmlichen Kolbendampfmaschinen. Eine besonders hohe Geschwindigkeit spielte für Schiffe keine Rolle. Eine ökonomische Geschwindigkeit war angestrebt. Mit den vier Schnelldampfern der »Kaiser Wilhelm der Grosse«-Bauserie besaß die Reederei ohnehin schon richtig schnelle Schiffe, von denen sich auch zwei das Blaue Band geholt hatten.

01

01 Das Passagierschiff ***»Homeric«*** *beim Anlegemanöver. Zur Unterstützung hat vorne bereits ein Schlepper eine Leinenverbindung hergestellt. (Foto: Internationales Maritimes Museum Hamburg)*

02 Der Stapellauf des Schnelldampfers ***»Columbus«*** *des Norddeutschen Lloyd auf der Schichau Werft in Danzig erfolgte am 17. Dezember 1913. (Foto: Archiv Autor)*

03

Der Stapellauf der »Columbus« fand am 17. Dezember 1913 statt. Allerdings kam es nicht mehr zum Fertigbau des Schiffes. Im August 1914 waren etwa 80 Prozent der Arbeiten abgeschlossen als es in Folge des Kriegsausbruchs zum Baustopp kam.

Nach dem Ersten Weltkrieg wurde die in Danzig aufliegende »Columbus« von Großbritannien als Reparationsleistung beansprucht. Die englische Reederei White Star Line kaufte das Schiff, da sie kriegsbedingte Schiffsverluste und auch den Verlust der »Titanic«, die 1912 nach einem Zusammenstoß mit einem Eisberg gesunkenen war, ausgleichen musste.

Der Weiterbau des nun in »Homeric« umbenannten Schiffes begann 1919 unter englischer Aufsicht, verlief aber sehr schleppend und zögerlich. Im Herbst 1921 kam es daher zwischen dem NDL und den Briten zu dem sogenannten Columbus-Abkommen. Darin wurde festgelegt, dass bei Einflussnahme der Reederei auf die Bauwerft hinsichtlich einer schnelleren Bautätigkeit und einer baldigen Fertigstellung der »Homeric« einige der noch nicht abgelieferten, aber dafür vorgesehenen Schiffe des NDL – darunter das ebenfalls unfertige Schwesterschiff »Hindenburg« – behalten werden durften.

Zum anderen war die Beschlagnahmung des Schiffes als Reparationsleistung seitens der Britten nicht so recht durch den Versailler Vertrag abgedeckt. Danzig war nicht mehr deutsches Staatsgebiet und das Schiff gehörte immer noch

»Columbus« / »Homeric«

Reederei	*Norddeutscher Lloyd, Bremen, Deutschland, White Star Line, Liverpool, Großbritannien*
Bauwerft	*Schichau Werft, Danzig, Deutschland*
Stapellauf	*17. Dezember 1913*
Vermessung	*34.351 BRT*
Länge / Breite	*236,00 m / 25,10 m*
Besatzungsstärke	*730 Personen*
Passagiere	*529 – 487 – 1750 / I. – II. – III. Klasse*
Antrieb	*2 x Dampfmaschine*
Antriebsleistung	*28.000 PS / 32.000 PS (max.)*
Wellen	*2*
Geschwindigkeit	*18 kn*

04

der Werft. Man hatte es also auf englischer Seite eilig und machte wohl auch deshalb die erwähnten Zugeständnisse. Nach Abschluss der Bauarbeiten und Absolvierung der Probefahrten verlegte die »Homeric« dann Anfang 1922 nach Southampton, wo sie am 21. Januar ankam.

Die »Homeric« ex »Columbus« war mit 34.351 BRT vermessen und hatte eine Länge von 236,00 Meter. Sie zählte also ohne Zweifel zu den Riesenschiffen, die damals als schwimmende Luxushotels den Nordatlantik befuhren. Als Antrieb waren zwei Dreifach-Expansionsdampfmaschinen an Bord vorhanden. Sie besaßen zusammen eine Leistung von 28.000 PS und wirkten auf jeweils eine Welle. Die »Homeric« war damit das bisher größte Schiff, das mit Kolbendampfmaschinen angetrieben wurde. An Geschwindigkeit erreichte sie mit dieser Antriebsanlage 18 Knoten.

Ihre Jungfernreise trat die »Homeric« am 15. Februar 1922 von Southampton nach New York an. In den kommenden Jahren blieb das Schiff neben der »Olympic« und der »Majestic« ex »Bismarck« im Nordatlantik-Dienst der White Star Line im Einsatz. Die Kabinen und Gesellschaftsräumen waren in allen drei Passagier-Kategorien jeweils gut ausgestattet.
Ab Juni 1932 standen nur noch Kreuzfahrten auf dem Fahrplan der »Homeric«, die beim mitreisenden Publikum immer einen guten Ruf besaß.

Im September 1935 wurde das Schiff nach nur 13 Dienstjahren aufgelegt und im Februar 1936 zum Verschrotten verkauft.

*03 Als **»Homeric«** kam die am 17. Dezember 1913 vom Stapel gelaufene **»Columbus«** unter englischer Flagge in Fahrt. (Foto: Bibliothek für Zeitgeschichte)*

*04 Der Schnelldampfer **»Homeric«** – ein Bild aus den 1920er Jahren. (Foto: Archiv Autor)*

»Britannic«

01

02

03

01 Der Schnelldampfer »Britannic« während des Baues auf der ***Werft*** *von Harland & Wolff in Belfast. (Foto: Archiv Autor)*

02 Die erste Namensträgerin ***»Britannic«*** *– hier auf einer Aufnahme aus den 1890er Jahren – lief am 3. Februar 1874 vom Stapel und holte sich November 1876 mit 15,43 Knoten das Blaue Band. Das Schiff wurde 1903 abgewrackt. (Foto: John S. Johnston)*

03 Eine ***Zeichnung*** *der Welte-Philharmonie-Orgel, die auf der »Britannic« zum Einbau kommen sollte. (Foto: Archiv Autor)*

Der Schnelldampfer »Britannic« war der zweite Namensträger und das dritte Schiff der »Olympic«-Klasse der White Star Line. Genau wie ihre Schwesterschiffe »Olympic« und »Titanic« entstand sie auf der Werft von Harland & Wolff in Belfast.

Nach der »Titanic«-Katastrophe wurde der Bau des am 30. November 1911 auf Kiel gelegten Schiffes unterbrochen, um die Ergebnisse der Untersuchungen von der Katastrophe abzuwarten und die Möglichkeit zu haben durch technische Änderungen das Sicherheitskonzept zu verbessern. Dadurch verzögerte sich der Bau des Schiffes, das weltweit der letzte Vier-Schornstein-Schnelldampfer werden sollte.

Der Stapellauf konnte erst am 26. Februar 1914 durchgeführt werden. Nach Kriegsbeginn traten im August 1914 weitere Verzögerungen bei den Bauarbeiten ein.

Der Schnelldampfer »Britannic« war mit 48.158 BRT vermessen und besaß eine geringfügig größere Länge und Breite als die beiden Schwesterschiffe. Die Antriebsanlage entsprach den beiden Vorgängerinnen.

Die Innenausstattung der »Britannic« wäre derjenigen ihrer beiden Schwestern recht ähnlich gewesen, doch der Ausbruch des Ersten Weltkriegs ließ das Schiff nicht als schwimmendes Luxushotel in Fahrt kommen.

04

05

06

Die fast fertige »Britannic« wurde an Stelle dessen im November 1915 von der britischen Admiralität requiriert, um sie als Lazarettschiff auszurüsten und zu nutzen. Als solches war das Schiff ab Anfang Dezember 1915 in Verwendung. Einschließlich des medizinischen Personals hatte die »Britannic« als Lazarettschiff eine Besatzung von bis zu 1164 Personen.

Bis zum November 1916 unternahm das Lazarettschiff »Britannic« fünf Fahrten von den Kriegsschauplätzen im Mittelmeer nach Großbritannien. Als äußeres Kennzeichen hatte es nach den Bestimmungen des Kriegsvölkerrechts einen weißen Anstrich und am Rumpf ein aufgemaltes grünes Farbband sowie Rote Kreuze. Sie galt als das bestausgestattete Lazarettschiff der englischen Marine und brachte im Pendelverkehr rund 15.000 Verwundete und Kranke zurück in die Heimat.

Am 12. November 1916 verließ die »Britannic« erneut Southampton mit dem Ziel Mittelmeer. Bei der Ansteuerung des Ägäischen Meeres lief sie am 21. November 1916 im Kanal zwischen den griechischen Inseln Kea und Makronissos auf eine Seemine. Innerhalb einer Stunde war das Schiff gesunken und stellte damit einen traurigen Rekord auf. Die »Britannic« gilt als das größte im Ersten Weltkrieg versenkte Schiff. Insgesamt 1035 Personen hatten den Untergang überlebt, 30 Menschen sind dabei ums Leben gekommen.

»Britannic«

Reederei	*White Star Line, Liverpool, Großbritannien*
Bauwerft	*Harland & Wolff, Belfast, Großbritannien*
Stapellauf	*26. Februar 1914*
Vermessung	*48.158 BRT*
Länge / Breite	*271,35 m / 28,70 m*
Besatzungsstärke	*950 Personen (Passagierschiff)* *1164 Personen (Lazarettschiff)*
Passagiere	*790 – 836 – 953 / I. – II. – III. Klasse*
Antrieb	*2 x Dampfmaschine,* *1 x Dampfturbine*
Antriebsleistung	*46.000 PS / 51.000 PS (max.)*
Wellen	*3*
Geschwindigkeit	*21 kn*

07

08

04 Einer der vier riesigen **Schornsteine***, die auf der »Britannic« zum Einbau kamen. (Foto: Archiv Autor)*

05 Der Schnelldampfer »Britannic« lief am 26. Februar 1914 vom **Stapel***. (Foto: Archiv Autor)*

06 Eine **Postkartendarstellung** *des Schnelldampfers »Britannic«. Allerdings eine Szene, die nie wahr werden sollte. (Foto: Wikipedia / CC-BY-SA 3.0)*

07 Arbeiten an der **Dampfturbine** *für die Mittelwelle der »Britannic«. (Foto: Robert John Welch)*

08 Die »Britannic« als **Lazarettschiff** *der Royal Navy. (Foto: Bibliothek für Zeitgeschichte)*

»Bismarck«/»Majestic«

SCHIFFSTAUFE MIT HINDERNISSEN

01

02

Der Schnelldampfer »Bismarck« war nach dem »Imperator« und der »Vaterland« das dritte und zugleich größte jemals für die Hamburg-Amerikanische Packetfahrt-Actien-Gesellschaft (Hamburg Amerika Linie, HAPAG) und in Deutschland gebaute Luxus-Passagierschiff. Sie entstand bei der Hamburger Werft Blohm+Voss.

Der beim Stapellauf am 20. Juni 1914 persönlich anwesende Kaiser Wilhelm II übernahm unbeabsichtigt die Taufe des Schiffes. Hannah von Bismarck, eine Enkelin des ehemaligen Reichskanzlers Fürst Otto von Bismarck, sollte eigentlich das Schiff taufen. Sie warf jedoch die Flasche Schaumwein nicht mit dem nötigen Schwung und verfehlte so den Bug. Geistesgegenwärtig ergriff der neben ihr stehende Kaiser, der im Hinblick auf Schiffstaufen ja schon so manche praktische Erfahrung hatte, die Flasche und schleuderte sie erneut und jetzt erfolgreich gegen den Täufling. Die Situation war gerettet.

03

01 Der Schnelldampfer **»Majestic«** *kurz vor einem Ablegemanöver in den USA. (Foto: Archiv Autor)*

02 Der Schnelldampfer **»Bismarck«** *am 20. Juni 1914 unmittelbar vor seinem Stapellauf. Die Ehrengäste betreten gerade die Stapellauftribüne. Vor dem Helgen eine große Menschenmenge, die dem festlichen Ereignis beiwohnen will. (Foto: US Navy)*

03 Die »Bismarck« hat sich in Bewegung gesetzt und gleitet beim **Stapellauf** *am 20. Juni 1914 in ihr Element. (Foto: Archiv Autor)*

04

»Bismarck« / »Majestic«

Reederei	*HAPAG, Hamburg, Deutschland, White Star Line, Liverpool, Großbritannien*
Bauwerft	*Blohm+Voss, Hamburg, Deutschland*
Stapellauf	*20. Juni 1914*
Vermessung	*56.551 BRT*
Länge / Breite	*291,40 m / 30,50 m*
Besatzungsstärke (*)	*1000 Personen*
Passagiere (*)	*750 – 545 – 850 / I. – II. – III. Klasse*
Antrieb	*4 x Dampfturbine*
Antriebsleistung	*60.000 PS / 86.000 PS (max.)*
Wellen	*4*
Geschwindigkeit	*23,5 kn*

(*) als »Bismarck«

05

Nicht so bei der HAPAG. Der wenige Wochen später ausgebrochene Erste Weltkrieg machte deren weitere Planung hinsichtlich des Schiffes vollkommen zunichte. Die friedliche Schifffahrt und erst recht die Passagierschifffahrt waren erst Mal vorbei. Im August kam es kriegsbedingt zur Einstellung der Arbeiten. Das unfertige Schiff musste für die nächsten Jahre als Auflieger im Hamburg fest vertäut liegen bleiben.

Der Schnelldampfer war mit 56.551 BRT vermessen. Die Maschinenanlage war im Aufbau identisch mit derjenigen der »Vaterland«. Die Ausrüstung und Ausstattung sollten wieder auf höchstem Niveau erfolgen. Unter deutscher Flagge kam er jedoch nicht mehr in Fahrt.

04 Der unfertige Schnelldampfer **»Bismarck«** *(im Hintergrund) während des Ersten Weltkriegs als Auflieger in Hamburg. (Foto: Archiv Autor)*

05 Der Schnelldampfer »Bismarck« mach seiner **Fertigstellung** *vermutlich vor Cuxhaven ankernd. (Foto: Hapag-Lloyd)*

06

07

Nach dem Kriegsende wurde die unfertige »Bismarck« England zugesprochen. Unter englischer Aufsicht begann im Sommer 1919 als Reparationsleistung der Fertigbau. Durch einen Brand im Oktober 1920 kam es zu Bauverzögerungen, sodass das Schiff erst im März 1922 fertiggestellt werden konnte.

Das damals größte Schiff der Welt lief noch unter dem Namen »Bismarck« von Hamburg nach Cuxhaven. Nach Abschluss der Seeerprobungen und Durchführung von Restarbeiten wurde es an die White Star Line übergeben, die es von der britischen Regierung gekauft hatte.

Am 9. April 1922 erhielt der Schnelldampfer den neuen Namen »Majestic« und verlegte nach Southampton. Von dort startete sie am 10. Mai zu ihrer Jungfernreise nach New York.

08

09

06 Der Schnelldampfer »Majestic« im Januar 1932 in einem **Schwimmdock** *in Southampton. (Foto: Bundesarchiv / Bild 102-12960 / CC-BY-SA 3.0)*

07 Die »Majestic« auf einer **zeitgenössischen** *Abbildung der 1920er Jahre. (Foto: Archiv Autor)*

08 **Postkarte** *mit der Abbildung der »Majestic«. (Foto: Internationales Maritimes Museum Hamburg)*

09 Ein seidenes **Taschentuch** *als Erinnerung an eine Mitfahrt auf der »Majestic«. (Foto: Wallabyj / CC-BY-SA 4.0)*

10

11

Bis zur Indienststellung des französischen Schnelldampfers »Normandie« im Jahr 1935 war die «Majestic« das größte Schiff der Welt. Zusammen mit der »Olympic« und der »Homeric« – letztere die ehemalige »Columbus« des Norddeutschen Lloyd – kam sie im Nordatlantik-Dienst der Reederei zum Einsatz. Im Mai 1936 wurde das Schiff zum Abwracken verkauft. Das Abwrackunternehmen veräußerte den Passagierschiffsveteranen jedoch an die Royal Navy. Diese stellte die »Majestic« ex »Bismarck« am 25. April 1937 als stationäres Schulschiff »Caledonia« wieder in Dienst.

Im September 1939 war der Umbau der »Caledonia« zum Truppentransporter vorgesehen. Man brauchte dringend Seetransportraum und die Royal Navy wollte das Schiff reaktivieren. Doch so weit ist es dann doch nicht gekommen. Ende September brach ein verheerender Großbrand aus, der die »Caledonia« vollkommen verwüstete. In weiterer Folge sank sie auf ebenen Kiel im flachen Wasser. So blieben nur noch das Abwracken und die Verschrottung übrig.

12

10 Der Schnelldampfer **»Majestic« ex »Bismarck«** *läuft aus zwei Schornsteinen schwarz qualmend eine langsame Fahrtstufe. (Foto: Internationales Maritimes Museum Hamburg)*

11 Schnelldampfer **»Majestic«**. *(Foto: Internationales Maritimes Museum Hamburg)*

12 Die »Caledonia« während der **Abwrackarbeiten**. *Nur noch Teile des Rumpfes sind von dem einst so stolzen Schnelldampfer übrig. (Foto: Skybedz / CC-BY SA 4.0)*

»Columbus«

STAPELLAUF MIT HINDERNISSEN

01

02

03

Das Passagierschiff »Hindenburg« ging nach dem Schwesterschiff »Columbus« als zweiter Neubau des Norddeutschen Lloyd (NDL) kurz vor dem Ersten Weltkrieg bei der Schichau Werft in Danzig in Auftrag. Es wurde 1914 auf Kiel gelegt. Bis Kriegsbeginn war lediglich der Doppelboden des Schiffes fertig. Im August 1914 erfolgte ein Baustopp, der bis 1920 währen sollte.

Nach Kriegsende musste der angefangene Schiffsneubau nicht an die Alliierten abgeliefert werden und konnte für den Norddeutschen Lloyd weitergebaut werden. Allerdings verlief dies bewusst sehr schleppend. Man wollte auf alle Fälle sicher gehen, bis keine Gefahr einer Reparationsablieferung mehr bestand.

Der 17. Juni 1922 war dann endlich als Datum für den Stapellauf vorgesehen. Entgegen der ursprünglichen Planung sollte das Schiff bei der Schiffstaufe jedoch den Namen »Columbus« erhalten. Diesen Namen führte bereits zuvor das von England beschlagnahmte und in »Homeric« umbenannte Schwesterschiff.

Der Stapellauf entwickelte sich jedoch zu einem langwierigen Unternehmen. Bei der Taufe wollte das Schiff absolut nicht in das Wasser. Es verweigerte auf unerklärliche Weise den Ablauf von der Helling. Auch Schlepper vermochten nicht den »störrigen« Neubau in sein Element zu ziehen. Erst nach fast zwei Monaten Einsatz von hydraulischen Pressen erreichte die »Columbus« am 12. August 1920 endlich das Wasser. Am 27. November 1923 konnten dann die Ablieferung des damals größten deutschen Handelsschiffes stattfinden. Einen Tag später begann die Verlegungsfahrt nach Bremerhaven.

01 Der ***Rauchsalon*** *der I. Klasse auf dem Schnelldampfer »Columbus«.*
(Foto: Internationales Maritimes Museum Hamburg)

02 Besuch des Generalfeldmarschalls von Hindenburg im April 1924 in Bremerhaven, wo er den ***»Columbus«****, das Schiff, das eigentlich seinen Namen tragen sollte, besichtigt.*
(Foto: Bundesarchiv / Bild 102-00365 / CC-BY-SA 3.0)

03 Das Passagierschiff »Columbus« auf dem ***Bauhelgen*** *bei der Danziger Schichau Werft. (*
Foto: Internationales Maritimes Museum Hamburg)

Die »Columbus« war mit 32.354 BRT vermessen und besaß eine Länge von 236,20 Meter. Vorne waren Laderäume und Luken nebst Ladegeschirr vorhanden. Der Rumpf war horizontal in fünf durchlaufenden Decks aufgebaut und in der Vertikalen durch 14 Querschotten unterteilt.

Die Antriebsanlage bestand aus zwei ölbefeuerten Dreifach-Expansionsdampfmaschinen, die dem Zwei-Wellen-Schiff mit ihren 28.000 PS eine Geschwindigkeit von 18 Knoten ermöglichten. Bei dem 1929 durchgeführten Umbau erhielt die »Columbus« zwei Dampfturbinen mit Untersetzungsgetriebe und einer Maschinenleistung von 42.000 PS eingebaut.

Gleichzeitig wurde durch den Austausch der beiden langen dünnen Schornsteine durch zwei kürzere und breitere Schornsteine die Silhouette des Schiffes den zu dieser Zeit gerade zulaufenden NDL-Schnelldampfern »Europa« und »Bremen« angeglichen.

Der Innenausbau hatte den bei deutschen Schiffen bekannten hohen Standard. Es gab drei Klassen mit den allgemein üblichen und der entsprechenden Klasse angepassten Gesellschaftsräume, Speisesäle, Rauchzimmer, Bibliothek, Promenaden und Fitnessräume. Die große Empfangshalle der I. Klasse war besonders eindrucksvoll gestaltet worden.

Am 22. April 1924 lief die »Columbus« zu ihrer Jungfernreise von Bremerhaven nach New York aus. Für die 1920er Jahre war der »Columbus« Flaggschiff und Star des Norddeutschen Lloyd. Die männliche Schiffsbezeichnung hatte sich seltsamerweise im Sprachgebrauch so nach und nach ergeben. Man denke an Gleiches bei dem Schnelldampfer »Imperator« der Vorkriegszeit, damals allerdings auf kaiserlichen Wunsch.

04

05

04 Das Passagierschiff »Columbus« in seiner ersten **Bauausführung** *mit zwei langen Schornsteinen. (Foto: Internationales Maritimes Museum Hamburg)*

05 Der »Columbus« hat abgelegt. Die **Reise** *beginnt. (Foto: Bundesarchiv / Bild 102-00332 / CC-BY-SA 3.0)*

»Columbus«

Reederei	Norddeutscher Lloyd, Bremen, Deutschland
Bauwerft	Schichau Werft, Danzig, Deutschland
Stapellauf	12. August 1922
Vermessung	32.354 BRT
Länge / Breite	236,20 m / 25,30 m
Besatzungsstärke	733 Personen
Passagiere	513 – 574 – 705 / I. – II. – III. Klasse
Antrieb	2 x Dampfmaschine, 2 x Dampfturbine (nach Umbau)
Antriebsleistung	28.000 PS / 32.000 PS (max.), 42.000 PS / 49.000 PS (max.) (nach Umbau)
Wellen	2
Geschwindigkeit	18 kn, 22 kn (nach Umbau)

06

Neben dem Liniendienst im Nordatlantik führte der »Columbus« auch Kreuzfahrten durch. Darunter war eine Südamerika-Rundreise sowie zahlreiche, von New York ausgehende Fahrten in die Karibik.

Bei einer Reise im Liniendienst nach New York brach am 2. August 1927 im freien Atlantik die Steuerbordwelle des »Columbus«, was als Folge die nun plötzlich ohne Last überdrehende Maschine zerstörte. Die Außenhaut blieb bei diesem Vorfall unbeschädigt und das Schiff konnte mit der Backbordwelle und geringerer Geschwindigkeit die Rundreise beenden. Nach der Rückkehr erhielt es als Provisorium eine leistungsschwächere Maschine mit 6500 PS von dem Frachtdampfer »Schwaben« eingebaut.

*06 Einer der **Gesellschaftsräume** der I. Klasse auf dem Schnelldampfer »Columbus«. (Foto: Hapag-Lloyd)*

*05 Eine **Gemäldedarstellung** des »Columbus« mit dem Größenvergleich zur »Santa Maria«, mit der Christoph Kolumbus 400 Jahre zuvor den Atlantik überquerte. (Foto: Internationales Maritimes Museum Hamburg)*

07

08

So konnte der »Columbus« zwar wieder recht zügig in den Liniendienst zurückkehren, hatte aber nur noch eine Geschwindigkeit von 17 Knoten. Wegen der unterschiedlichen Maschinenleistungen, die auf die beiden Wellen wirkten, musste für die Geradeausfahrt das Ruder leicht Backbord gelegt werden. Bei dem oben bereits erwähnten Umbau von 1929 kamen dann zwei Getriebeturbinen als neue Antriebsanlage an Bord. Mit nun 22 Knoten durfte sich das Schiff jetzt auch Schnelldampfer nennen, zwar nicht Blaues Band verdächtig, aber immerhin ein gutes Stück schneller als zuvor.

Auf seiner im Januar 1930 in New York beginnenden und 105 Tage dauernden Weltreise durchquerte der »Columbus« als bislang größtes Schiff den Suez-Kanal. Ein amerikanisches Touristikunternehmen hatte für diese Reise den Schnelldampfer für 3 1/2 Monate in Vollcharter übernommen.

Der Ausbruch des Zweiten Weltkriegs überraschte den »Columbus« auf einer Karibik-Kreuzfahrt. Die 800 an Bord befindlichen amerikanischen Passagiere wurden in Havanna an Land gebracht. Anschließend verholte das Schiff nach Vera Cruz in Mexiko. Von dort versuchte der »Columbus« am 14. Dezember 1939 als Blockadebrecher Norwegen zu erreichen. Fünf Tage später wurde er jedoch 320 Seemeilen östlich von Kap Hatteras von dem englischen Zerstörer »Hyperion« gestellt.

09

Durch Inbrandsetzen des Schiffes und durch Öffnen der Flutventile verhinderte die 600 Mann starke Besatzung das Aufbringen. Auch hier ist wieder ein Superlativ zu vermelden. Der »Columbus« war mit dieser Aktion das größte deutsche Schiff, das von seiner eigenen Besatzung in einer Kriegshandlung selbst versenkt wurde.

Der amerikanische Kreuzer »Tuscaloosa«, der das Schiff schon längere Zeit begleitet und auch – nicht gerade neutralitätsbewusst – durch Positionsmeldungen den englischen Zerstörer regelrecht herbeigefunkt hatte, nahm die in die Boote gegangene »Columbus«-Besatzung auf und brachte sie nach New York.

10

11

12

08 Schnelldampfer **»Columbus«**. *(Foto: Internationales Maritimes Museum Hamburg)*

09 Auf dem **Gemälde** *ist der Schnelldampfer »Columbus« in der zweiten Bauausführung mit den kürzeren und breiteren Schornsteinen dargestellt. (Foto: Internationales Maritimes Museum Hamburg)*

10 Der Schnelldampfer »Columbus« **vor Anker**. *(Foto: Internationales Maritimes Museum Hamburg)*

11 Am 19. Dezember 1939 wird der Schnelldampfer »Columbus« beim Durchbruchversuch nach Norwegen aufgebracht und entzieht sich durch **Brandlegung und Selbstversenkung** *dem Zugriff. (Foto: Internationales Maritimes Museum Hamburg)*

12 Am 12. August 2010 erinnerte die **Deutsche Post** *mit einer Briefmarken-Ausgabe an das Passagierschiff »Columbus«, das hier noch in der alten Bauausführung mit den langen Schornsteinen abgebildet ist. (Foto: Hans Karr)*

»Europa«

01

02

03

Mit dem Schnelldampfer »Columbus« war der Norddeutsche Lloyd seit Mitte der 1920er Jahre wieder im nordatlantischen Reiseverkehr aktiv präsent. Das Schiff zog, obwohl nicht besonders schnell, Passagiere an und war so erfolgreich im Einsatz, dass die Reederei schon bald über die Erweiterung ihrer Passagierschiffsflotte nachdachte. Der Bordservice des Norddeutschen Lloyd hatte beim Reisepublikum einen legendären Ruf und eine solche Investition versprach sich zu lohnen.

Mit der »Europa« und der »Bremen« entstanden dann zusätzlich zwei neue Schnelldampfer, die in die Geschichte des deutschen Schiffbaus und der deutschen Passagierschifffahrt eingehen sollten. Beide Schiffe entstanden parallel auf den Werften Deschimag AG Weser in Bremen und Blohm+Voss in Hamburg. Sie liefen mit einem Tag Unterschied Mitte August 1928 vom Stapel und waren zwischen den beiden Weltkriegen mit ihren rund 50.000 BRT die größten deutschen Handelsschiffe.

Die »Europa« und die »Bremen« waren die letzten deutschen Schnelldampfer auf der klassischen Nordatlantik-Route. »Sie bildeten den Höhepunkt des deutschen Schiffsbaus zwischen den Kriegen. Mit ihnen eroberte sich der Norddeutsche Lloyd abermals eine führende Stellung unter den großen Nordatlantik-Reedereien. Fortschrittlich in der schiffbautechnischen Konzeption und völlig neuartig in der Formgebung, setzten die beiden Schiffe neue Maßstäbe im Passagierschiffbau. »Europa« und »Bremen« waren die ersten Handelsschiffe mit dem heute so selbstverständlichen Wulstbug. Mit diesen Schiffen holte sich der Norddeutsche Lloyd das Blaue Band zurück.« (*)

01 Am 15. August 1928 lief der Schnelldampfer **»Europa«** *auf der Werft Blohm+Voss vom Stapel. (Foto: Blohm+Voss)*

02 Auf einem **Werbeplakat** *von 1929 informiert der Norddeutsche Lloyd über zukünftige Großbauten. (Foto: Archiv Autor)*

03 Der Schnelldampfer »Europa« ist von stark qualmenden Schleppern umringt, die sich scheinbar für die Assistenz bei einem geplanten **seemännischen Manöver** *bereithalten. (Foto: Bibliothek für Zeitgeschichte)*

04

05

06

07

08

09

04 Der Schnelldampfer »Europa« während seines **Stapellaufs** am 15. August 1928. (Foto: Deutscher Marinebund)

05 Der Schnelldampfer »Europa« wird beim Ablegen mit Schlepperhilfe in das **Fahrwasser** bugsiert. (Foto: Bibliothek für Zeitgeschichte)

06 Turbinen-Schnelldampfer »Europa«, **Norddeutscher Lloyd.** (Foto: Deutscher Marinebund)

07 Der Schnelldampfer **»Europa«** gleitet am 15. August 1928 in sein Element. (Foto: Bundesarchiv / Bild 102-06400 / CC-BY-SA 3.0)

08 Der nach seinem **Brand** wiederhergestellte neue Ozeanriese »Europa« im Dock. Gut zu erkennen ist der damals im Schiffbau innovative Wulstbug.
(Foto: Bundesarchiv / Bild 102-08947 / CC-BY-SA 3.0)

09 Der **Ballsaal** des Schnelldampfers »Europa« mit seiner schönen architektonischen Ausstattung. (Foto: Edmund Lill / Bundesarchiv / Bild 102-09253 / CC-BY-SA 3.0)

10 Das Bordflugzeug wird zum **Katapultstart** klargemacht. Dieser Zubringerdienst für eilige Postsachen verkürzte deren Laufzeit um 24 Stunden. (Foto: Bundesarchiv / Bild 102-10309 / CC-BY-SA 3.0)

»Europa«

Reederei	*Norddeutscher Lloyd, Bremen, Deutschland*
Bauwerft	*Blohm+Voss, Hamburg, Deutschland*
Stapellauf	*15. August 1928*
Vermessung	*49.746 BRT*
Länge / Breite	*285,52 m / 31,00 m*
Besatzungsstärke	*965 Personen*
Passagiere	*860 – 500 – 617 / I. – II. – III. Klasse, 305 Touristenklasse*
Antrieb	*4 x Dampfturbine*
Antriebsleistung	*105.000 PS / 136.400 PS (max.)*
Wellen	*4*
Geschwindigkeit	*26 kn*
Blaues Band	*20. März – 25. März 1930 / 27,91 kn, 27. Juni – 2. Juli 1933 / 27,92 kn*
Ausrüstung	*Bordflugzeug für die Postbeförderung*

10

Der Schnelldampfer »Europa« entstand auf der Hamburger Werft Blohm+Voss und lief am 15. August 1928 vom Stapel. Ein 3/4 Jahr später – am 26. März 1929 – wurde das Schiff am Ausrüstungskai durch ein an Bord ausgebrochenes Großfeuer schwer beschädigt. Durch das viele Löschwasser drohte das Schiff zu kentern. Man musste es deshalb fluten und das teilweise ausgebrannte Schiff auf Grund setzen. Man befürchtete schonen den Totalverlust, aber glücklicherweise ließen sich die entstandenen Schäden in monatelanger Arbeit wieder beseitigen. In Folge konnten die Probefahrten erst Anfang 1930 aufgenommen werden. Das Schwesterschiff »Bremen« hatte derweil im Juli 1929 das Blaue Band der englischen »Mauretania« entreißen können.

Das äußere Erscheinungsbild der 49.746 BRT großen »Europa« war durch die abgerundete Vorschiffsform und die stromlinienförmigen Aufbauten mit den beiden Schornsteinen bestimmt. Neuartig war der tropfenförmige Wulstbug, der das Wellenbild der Bugwelle beeinflusste und so einen geringeren Wasserwiderstand bewirkte. Ein besonderer Werbeeinfall war der in den Aufbauten zwischen den Schornsteinen in großen und nachts beleuchteten Buchstaben angebrachte Schiffsname.

Die Antriebsanlage des Schnelldampfers »Europa« bestand aus vier Getriebeturbinen, die jeweils eine Hochdruck-, Mitteldruck- und Niederdruckturbine umfassten. Ihre Gesamtleistung von 105.000 PS ermöglichten dem Vier-Wellen-Schiff eine Geschwindigkeit von 26 Knoten. Den hierfür benötigten Dampfdruck von 22 bar erzeugten 24 ölbefeuerte Kessel.

Die Inneneinrichtung des Schnelldampfers war, wie auch nicht anders zu erwarten, einmalig und erstklassig. Rauchsalon, Gesellschaftsräume und Kabinen der I. und II. Klasse waren von namhaften Architekten und Künstlern gestaltet worden.

Eine besondere Ausrüstung der »Europa« war das Bordflugzeug. Über ein Katapult gestartet, wurde der Flieger gegen Ende der Reise mit Post vorausgeschickt, die so rund einen Tag früher als das Schiff selbst ankam. Diese Beschleunigung des Postverkehrs zwischen Europa und Amerika mittels des Bordflugzeugs erwies sich als großer Erfolg. Eine solche Einrichtung gab es ansonsten nur noch auf dem Schwesterschiff »Bremen« und der französischen »Ile de France«.

Die Jungfernreise der »Europa« von Bremerhaven nach New York begann am 19. März 1930. Auf dieser Fahrt errang sie trotz ungünstiger Wetterbedingungen mit 27,91 Knoten das Blaue Band, das zuvor ihr Schwesterschiff »Bremen« innehatte. Erst drei Jahre später gelang es dem italienischen Schnelldampfer »Rex« diese Trophäe der »Europa« wieder abzunehmen.

Bis zum Jahre 1939 war der Schnelldampfer im Nordatlantik-Dienst des Norddeutschen Lloyd eingesetzt. Den Zweiten Weltkrieg überstand die »Europa« unbeschadet als Wohnschiff der Kriegsmarine in Bremerhaven, wo der Schnelldampfer bei Kriegsausbruch gelegen hatte.

Im Jahre 1940 war die »Europa« als Truppentransporter für die als Unternehmen Seelöwe geplante Invasion in England vorgesehen. Der 1942 angedachte Umbau zu einem Flugzeugträger kam ebenfalls nicht zur Umsetzung. Im Mai 1945 wurde die »Europa« von den Amerikanern als Kriegsbeute beschlagnahmt. Sie kam zunächst als Truppentransporter unter der Bezeichnung »AP 177« zum Einsatz und wurde im Mai 1946 als Reparationsleistung an Frankreich übergeben; sozusagen als Ersatz für den 1942 in Verlust geratenen Schnelldampfer »Normandie«.

Im Dezember 1946 riss sich die zur Ausrüstung in Le Havre befindliche »Liberté«, so der neue Schiffsname der »Europa«, in einem Sturm los, kollidierte mit einem im Hafen liegenden Wrack, riss sich dabei die Außenhaut auf und sank auf ebenem Kiel im flachen Hafenwasser. Das im April 1947 gehobene Schiff musste aufwendig in Stand gesetzt werden. Es kam erst 1950 für die Reederei Compagnie Générale Transatlantique in Fahrt. Auf der Nordatlantik-Route der Reederei zählte die »Liberté« dann zu den beliebtesten Passagierschiffen.

Doch die fliegende Konkurrenz brachte nach und nach das Aus für die großen Passagierschiffe, so auch für die »Liberté«. Im Jahre 1958 hatten erstmals mehr Passagiere das Flugzeug als das Schiff für die Atlantiküberquerung genutzt. Im November 1961 beendete die »Liberté« ex »Europa« ihre letzte planmäßige Reise.

In rund 20 Dienstjahren als Passagierschiff hatte sie auf dem Nordatlantik unter zwei Flaggen etwa 1,2 Millionen Passagiere befördert. Im Jahr 1962 begannen die Abwrackarbeiten an dem Schiff.

(*) zitiert nach: Kludas, Die großen deutschen Passagierschiffe, Seite 160

11

12

13

14

17

18

15

16

11 Der scharf geschnittene **Bug** *des Schnelldampfers »Europa«. (Foto: Bundesarchiv / Bild 102-09250 / CC-BY-SA 3.0)*

12 Der Schnelldampfer »Europa« kurz vor seiner ersten, am 22. Februar 1930 durchgeführten **Probefahrt**. *(Foto: Bundesarchiv / Bild 102-09251 / CC-BY-SA 3.0)*

13 Die »Europa« im Mai 1945 in **Bremerhaven**. *(Foto: Robert Hurst)*

14 Die »Europa« im März 1946 als **Truppentransporter » AP 177«** *der amerikanischen Marine. (Foto: US Navy)*

15 Der Schnelldampfer »Europa« in seinem **Zustand Anfang 1945**. *(Foto: Deutscher Marinebund)*

16 Der Schnelldampfer »Europa« in Tarnbemalung als **Wohnschiff der Kriegsmarine**. *(Foto: Bibliothek für Zeitgeschichte)*

17 In den 1950er Jahren war die ehemalige »Europa« unter französischer Flagge als **»Liberté«** *auf dem Nordatlantik in Fahrt. (Foto: Bibliothek für Zeitgeschichte)*

18 Die **Abwrackarbeiten** *an der »Liberté« ex »Europa« sind in vollem Gange. (Foto: Gerhard Mueller-Debus)*

»Bremen«

ELEGANTE LINIENFÜHRUNG UND EXKLUSIVE INNENAUSSTATTUNG

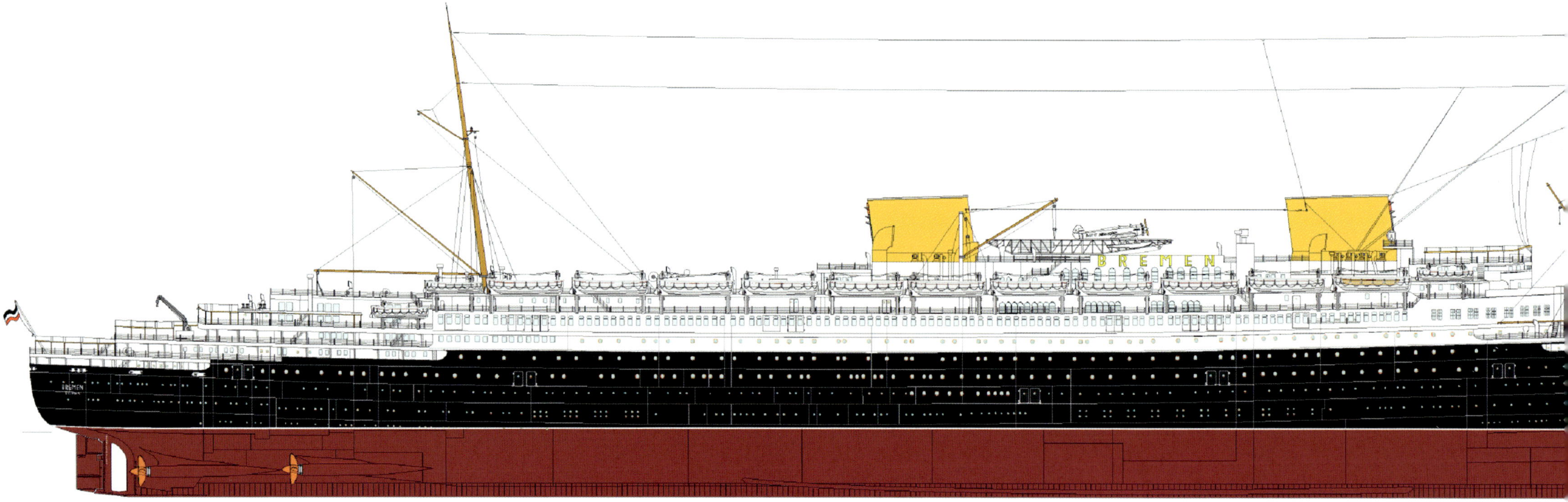

01

02

03

01 Der **Seitenriss** der »Bremen« verdeutlicht die elegante Linienführung des Schnelldampfers. (Foto: Boris Lux / CC-BY-SA 3.0)

02 Die Schwesternschiffe »Bremen« (li) und »Europa« (re) gemeinsam an der Columbuskaje, ihrem **Stammliegeplatz** in Bremerhaven. (Foto: Bundesarchiv / Bild 102-09293 / CC-BY-SA 3.0)

03 Die **»Bremen«** ist in ihrem Element. (Foto: Bundesarchiv / Bild 102-06402 / CC-BY-SA 3.0)

Der Schnelldampfer »Bremen« bildete zusammen mit dem Schwesterschiff »Europa« und dem schon etwas betagten Schnelldampfer »Columbus« in den 1930er Jahre das Schnelldampfer-Trio des Norddeutschen Lloyd. Nur einen Tag nach der »Europa« lief die »Bremen« am 16. August 1928 bei der Deschimag AG Weser in Bremen vom Stapel. Ein knappes Jahr später war das seinerzeit größte Schiff der deutschen Handelsmarine fertig gestellt und an den Auftraggeber abgeliefert.

Wie die »Europa« bestach auch die »Bremen durch ihre elegante Linienführung, ihrer exklusiven Innenausstattung und ihrer in allen Bereichen innovativen Technologie.

Der Antrieb erfolgte durch vier Getriebeturbinen, die jeweils aus einer Hochdruck-, Mitteldruck- und Niederdruckturbine bestanden. Über vier Wellen gaben die Turbinen mit ihrer Leistung von zusammen 105.000 PS dem Schiff eine Geschwindigkeit von 26 Knoten. Den hierfür benötigten Dampfdruck von 23 bar erzeugten 20 ölbefeuerte Kessel.

Bei der Inneneinrichtung der Gesellschaftsräume und der Kabinen für die I. und II. Klasse knüpfte der Norddeutsche Lloyd an alte Traditionen an. Sie war einmalig und von mehreren Architekten und Künstlern gestaltet worden.

Etwa 400 Seemeilen vor dem Reiseziel konnte eilige Post mit einem Bordflugzeug vorausgeschickt werden und erreichte so einen Tag vor dem Schiff den Bestimmungsort. Gestartet wurde der Flieger über ein Katapult, das zwischen den beiden Schornsteinen eingebaut war.

Die »Bremen« war das erste der beiden Schwesterschiffe, das in Fahrt kam, denn durch einen Großbrand während der Ausrüstung war die Fertigstellung und die Ablieferung der »Europa« erheblich verzögert worden.

04

05

06

07

04 Der Schnelldampfer »Bremen« während seiner **Bauzeit** auf der Helling der Deschimag AG Weser in Bremen. (Foto: Bundesarchiv / Bild 102-06403 / CC-BY-SA 3.0)

05 Der Schnelldampfer **»Bremen«** auf einer Postkartendarstellung. (Foto: Deutscher Marinebund)

06 Der Schnelldampfer »Bremen« macht bei schwarz qualmendem Schornstein Fahrt über den **Achtersteven**. (Foto: Archiv Autor)

07 Das **Ein- oder Auslaufen** des Schnelldampfers »Bremen« lockte immer wieder tausende von Zuschauern auf die Pier. Auf dem Bild verlässt das Schiff am 16. Juli 1929 Bremerhaven zu seiner Jungfernreise nach New York. (Foto: Georg Pahl / Bundesarchiv / Bild 102-11081 / CC-BY-SA 3.0)

08 Die Schwesternschiffe »Bremen« (li) und »Europa« (re) gemeinsam an der Columbuskaje, ihrem **Stammliegeplatz** in Bremerhaven. (Foto: Bundesarchiv / Bild 102-09293 / CC-BY-SA 3.0)

09 Der Schnelldampfer »Bremen« macht **Volle Fahrt Voraus**. (Foto: Bibliothek für Zeitgeschichte)

10 Der **feierliche Stapellauf** der »Bremen« fand unter Anwesenheit des Reichspräsidenten von Hindenburg am 16. August 1928 in Bremen statt. Gut zu erkennen ist der damals im Schiffbau innovative Wulstbug. (Foto: Bundesarchiv / Bild 102-06404 / CC-BY-SA 3.0)

11 Die **Gemäldedarstellung** zeigt die Postverladung am Schnelldampfer »Bremen«. (Foto: Helmut Benno Schaub / CC-BY-SA 4.0)

»Bremen«

Reederei	*Norddeutscher Lloyd, Bremen, Deutschland*
Bauwerft	*Deschimag AG Weser, Bremen, Deutschland*
Stapellauf	*16. August 1928*
Vermessung	*51.656 BRT*
Länge / Breite	*286,10 m / 31,00 m*
Besatzungsstärke	*966 Personen*
Passagiere	*811 – 500 – 617 / I. – II. – III. Klasse, 300 Touristenklasse*
Antrieb	*4 x Dampfturbine*
Antriebsleistung	*105.000 PS / 130.00 PS (max.)*
Wellen	*4*
Geschwindigkeit	*26 kn*
Blaues Band	*17. Juli – 22. Juli 1929 / 27,83 kn*
Ausrüstung	*Bordflugzeug für die Postbeförderung*

08

09

10

Schon auf ihrer Jungfernreise, die am 16. Juli 1929 begann und von Bremerhaven nach New York führte, errang die »Bremen« mit 27,83 Knoten das Blaue Band. Der englische Schnelldampfer »Mauretania« der Cunard Line hatte diese Trophäe seit 1909 ununterbrochen inne. Allerdings musste die »Bremen« schon im Folgejahr die Trophäe an ihre Schwester »Europa« wieder abgeben.

In der West-Ost-Richtung, die nicht für das Blaue Band gezählt wurde, weil sie navigatorisch leichter zu bewerkstelligen war, konnte die »Bremen« zweimal eine Rekordfahrt für sich in verbuchen. Hier erreichte sie im Juli 1929 bei der Rückreise von der Jungfernfahrt eine Geschwindigkeit von 27,91 Knoten und im Juni 1933 stolze 28,51 Knoten.

Mit dem Duell der beiden Schwesterschiffe begann der Höhepunkt und zugleich auch der Ausklang der 100 Jahre währenden Epoche um das Blaue Band. Bis zum Ende der 1930er Jahre beteiligten sich als neue Konkurrentinnen im Wettlauf um die begehrte Trophäe noch erfolgreich die italienische »Rex«, die französische »Normandie« und die englische »Queen Mary«.

Der Zweite Weltkrieg beendete abrupt diesen friedlichen Wettstreit auf See. In den 1950er Jahren gerieten die schwimmenden Paläste gegenüber dem neuen Verkehrsmittel Flugzeug immer mehr und mehr ins Hintertreffen und wurden schließlich für den Passagierverkehr von Europa nach Amerika nicht mehr gebraucht.

11

12

13

Wie der Schnelldampfer »Columbus« und das Schwesterschiff »Europa« blieb auch die »Bremen« im Nordatlantik-Dienst des Norddeutschen Lloyd im Einsatz. Insgesamt überquerte das sehr schnell populär gewordene Schiff 186 Mal den »Großen Teich«. Es war immer gut ausgelastet, fahrplanmäßig und fuhr ohne Zwischenfälle. Die »Bremen« und die »Europa« galten weltweit als die modernsten Schnelldampfer. Sie erzielten hohe Geschwindigkeiten und boten den Fahrgästen, insbesondere denjenigen der I. Klasse, außergewöhnlichen Komfort und Luxus.

Das letzte Mal legte der Schnelldampfer »Bremen« am 30. August 1939 unter den drohenden Anzeichen des Zweiten Weltkriegs in New York ab. Passagiere waren keine an Bord. Es gelang, unerkannt an den englischen Suchgruppen vorbei nach Murmansk in der damals noch mit Deutschland verbündeten Sowjetunion zu gelangen, wo man am 6. September ankam. Am 10. Dezember wagte man im Schutz der Polarnacht die Verlegungsfahrt nach Bremerhaven, die dann ebenso erfolgreich verlief.

Am Abend des 12. Dezember 1939 ankerte das Schiff vor Bremerhaven und lief am Folgetag ein. Die nationalsozialistische Propaganda »verkaufte« den Durchbruch des berühmten Schiffes als »großen Sieg«.

Der Schnelldampfer »Bremen« wurde anschließend in Bremerhaven von der Kriegsmarine als Wohnschiff genutzt. Ab Sommer 1940 war das Schiff als Transporter für das Unternehmen Seelöwe – die nicht über das Planungsstadium hinausgekommene Landung in England – vorgesehen; dann wieder Wohnschiff. Ein Schiffsjunge legte am 16. März 1941 aus Rache für eine ungerechte Behandlung durch einen Vorgesetzten Feuer auf dem Schiff. Für die total ausgebrannte »Bremen« blieb, nachdem zuvor alle brauchbaren Teile ausgebaut worden waren, nur noch die Verschrottung übrig.

Als größtes fahrbares Schiffmodell der Welt entstand in den 1950er Jahren die »Bremen« nochmals in Miniatur neu. Das Modellschiff im Maßstab 1:25 konnte zwei Personen mitnehmen und wurde von einem 38 PS starken Automotor angetrieben. Auf Flüssen und Kanälen war diese Kleinausgabe der »Bremen« jahrelang unterwegs und wurde gehörig bestaunt. Das zehn Tonnen schwere Modellschiff ist heute als Exponat im Technik Museum Speyer ausgestellt.

14

15

16

Im Jahre 1957 kaufte der Norddeutsche Lloyd das französische Turbinenschiff »Pasteur« und stellte es nach einem umfangreichen Umbau als neue »Bremen« in Dienst. Sie lief am 9. Juli 1959 – das waren fast auf den Tag genau 30 Jahre nach der Vorgängerin – zur Jungfernreise nach New York aus und nahm damit ihre Tätigkeit im Nordatlantik-Dienst der Reederei auf. Außerdem fand die neue »Bremen« Verwendung als Kreuzfahrtschiff. Sie galt als eines der schönsten Passagierschiffe ihrer Zeit. Im Jahre 1971 wurde das Schiff außer Dienst gestellt und verkauft. Im Juni 1980 sank die »Bremen« ex »Pasteur« auf der Schleppreise zur Abwrackwerft im Indischen Ozean.

17

12 **Passagiere** *gehen in Bremerhaven an Bord des Schnelldampfers »Bremen«. (Foto: Joost J. Bakker / CC-BY-SA 2.0)*

13 *Das* **Bordflugzeug** *der »Bremen« wird auf dem Katapult startklar gemacht. (Foto: Bundesarchiv / Bild 102-12384 / CC-BY-SA 3.0)*

14 *Das einst fahrfähige Großmodell der »Bremen« steht heute als Exponat im* **Technik Museum Speyer**. *(Foto: Hans Karr)*

15 *Die »Bremen« war nach einer* **Brandstiftung** *am 16. März 1941 unrettbar verloren. (Foto: Deutscher Marinebund)*

16 *Das ausgebrannte und noch qualmende* **Wrack** *der »Bremen« liegt mit schwerer Schlagseite auf der Pier. (Foto: Bibliothek für Zeitgeschichte)*

17 *Die ehemalige französische* **»Pasteur«** *kommt im Juli 1959 als neue* **»Bremen«** *für den Norddeutschen Lloyd in Fahrt. (Foto: Llouest / CC-BY-SA 4.0)*

»Rex«

SCHÖNSTER BALLSAAL MIT 2400 QUADRATMETER

01

02

03

Mitte der 1920er Jahre begannen auch italienische Reedereien mit der Planung von großen Schnelldampfern für den nordatlantischen Passagierverkehr. Die Gewinnung des Blauen Bandes stand dabei im Vordergrund ihrer Bemühungen.

Die in Auftrag gegebenen Schnelldampfer »Rex« der Reederei Navigazione Generale Italiana (NGI) und »Conte di Savoia« des Lloyd Sabaudo wurden die bis dahin größten in Italien gebauten Passagierschiffe. Die sensationellen Dampfer unterstrichen als politisches Symbol der damaligen faschistischen italienischen Regierung den Anspruch des aufstrebenden Italien, auch auf den Weltmeeren an vorderster Stelle präsent zu sein.

Der Bau beider Schiffe wurde von staatlicher Seite finanziell gefördert, um den Reedereien Mut zu machen auch in wirtschaftlich schwierigen Zeiten – die Weltwirtschaftskrise war gerade ausgebrochen und wirkte sich auf das Passagiergeschäft im Nordatlantik dramatisch aus – in solche Großprojekte zu investieren.

Der Schnelldampfer »Rex« entstand auf der Ansaldo Werft in Genua für die NGI, die 1932 mit anderen Redereien zur Italia Flotta Riunite zusammengefasst und fusioniert wurde.

01 Vor der Ankunft in New York überfliegen zwei Flugzeuge die in kabbeliger See dahinstürmende **»Rex«**. *(Foto: US Air Force)*

02 Ein **Werbeplakat** *der Italia Line für ihre Schiffe »Rex« und »Conte di Savoia«. (Foto: Sailko / CC-BY-SA 4.0)*

03 Der Schnelldampfer »Rex« gewann als **erstes und einziges italienisches Schiff** *das Blaue Band. (Foto: Bibliothek für Zeitgeschichte)*

04

Diese neue Reederei – auch in Kurzform als Italia Line bezeichnet – war mehrheitlich im Besitz des italienischen Staates und ging 1937 über in die Italia Società Anonima di Navigazione.
Am 1. August 1931 lief der Schnelldampfer als »Rex« vom Stapel. Der ursprünglich für das Schiff von der NGI vorgesehene Name war »Guglielmo Marconi«, dem Erfinder der Funktelegrafie.

Der Schnelldampfer »Rex« war mit 51.062 BRT vermessen und 268,18 Meter lang. Vier Getriebeturbinen mit zusammen 100.000 PS Leistung verliehen dem Schiff eine Geschwindigkeit von 27,5 Knoten.

Der schönste Raum auf der »Rex« war der sich über zwei Decks erstreckende Ballsaal. Mit 2400 Quadratmeter war dies der größte jeweils auf einem Schiff eingebaute Raum. Auch alle anderen Räume und die Kabinen waren aufwendig und kunstvoll ausgestattet.

Drei offene Freiluft-Schwimmbäder, Sonnenschirme und ein Sandstrand auf dem Sonnendeck schafften auf dem Schiff eine mediterrane Atmosphäre und waren ebenfalls ein besonderes Merkmal der »Rex«. Überhaupt nutzte die Reederei die Wettervorteile auf der »sonnigen Route des Südens« – wie es in einem Werbeslogan der Reederei hieß – und bot den Passagieren viele Möglichkeiten des Zeitvertreibs an Oberdeck.

Am 27. September 1932 trat der Schnelldampfer »Rex« seine Jungfernreise von Genua über Neapel und Gibraltar nach New York an. Gibraltar musste dabei als Nothafen angelaufen werden. Aufgetretene Probleme in der Maschinenanlage waren hierfür die Ursache. Sie bedurften der Beseitigung bevor die Reise fortgesetzt werden konnte. Für die Reederei eine äußerst blamable Angelegenheit.

Zunächst waren in dem aufgenommenen Nordatlantik-Dienst keine Rekordversuche vorgesehen. Erst im Sommer 1933 war es dann soweit. Vom 11. bis 16. August konnte sich die »Rex« die begehrte Trophäe mit einer Durchschnittsgeschwindigkeit von 28,92 Knoten erkämpfen und von der Vorgängerin, der deutschen »Europa«, übernehmen. Das Blaue Band war zum ersten und einzigen Mal in italienischer Hand. Diese Errungenschaft machte die Besatzung auch äußerlich kenntlich und hisste ein 29 Meter langes, wimpel-ähnliches Blaues Band am Großmast vor; für jeden Knoten einen Meter. Bis zum Mai 1935 blieb die »Rex« im Besitz der Trophäe.

»Vorher hatte es in interessierten Kreisen Debatten gegeben, ob ein Gewinn des Blauen Bandes auf der südlichen Route Gibraltar – New York anerkannt werden sollte. Es regte sich aber nirgends Widerspruch, denn man konnte den Italienern ja kaum zumuten, zu diesem Zweck von Cherbourg abzufahren. Und wenn noch jemand Einwände gehabt hätte: Die Differenz von einem Knoten war überzeugend und machte weitere Debatten überflüssig.« (*)

Die »Rex blieb bis zum Mai 1940 auf dem Nordatlantik im Einsatz. Sie erfreute sich großer Beliebtheit beim Reisepublikum. Kriegsbedingt wurde sie ab Juni aus der Fahrt genommen und zunächst in Genua und dann in Triest aufgelegt.

»Rex«

Reederei	*Italia Line, Genua, Italien*
Bauwertt	*Ansaldo Wertt, Genua, Italien*
Stapellauf	*1. August 1931*
Vermessung	*51.062 BRT*
Länge / Breite	*268,18 m / 29,56 m*
Besatzungsstärke	*756 Personen*
Passagiere	*604 – 378 – 866 / I. – II. – III. Klasse, 410 Touristenklasse*
Antrieb	*4 x Dampfturbine*
Antriebsleistung	*100.000 PS / 142.000 PS (max.)*
Wellen	*4*
Geschwindigkeit	*27,5 kn*
Blaues Band	*11. Aug. – 16. Aug. 1933 / 28,92 kn*

05

Auf einer Verlegungsfahrt am 6. September 1944 nach Capodistria in der Nähe von Triest entdeckten britische Aufklärungsflugzeuge die »Rex«. Zwei Tage später wurde das Schiff von englischen Kampfflugzeugen in mehreren Angriffswellen bekämpft. Von zahlreichen Raketen in Brand geschossen kenterte die »Rex« und sank im flachen Wasser auf Grund. Ab 1947 wurde das von Jugoslawien beanspruchte Wrack abgebrochen und verschrottet.

(*) zitiert nach: Kludas, Das Blaue Band des Nordatlantiks, Seite 121

06

04 Die »Rex« jagt mit hoher **Bugwelle** *durch die See. (Foto: Internationales Maritimes Museum Hamburg)*

05 Schnelldampfer **»Rex«***. (Foto: Internationales Maritimes Museum Hamburg)*

06 Das nach einem englischen Flugzeugangriff noch brennende und im flachen Wasser gesunkene **Wrack** *des Schnelldampfers »Rex«. (Foto: Royal Air Force)*

»Conte di Savoia«

VON GENUA NACH NEW YORK

01

02

01 Der Schnelldampfer **»Conte di Savoia«** – ein Bild aus dem Jahre 1930. (Foto: Frederic Logghe / CC-BY-SA 3.0)

02 Dem italienischen Schnelldampfer **»Conte di Savoia«** war es nicht vergönnt, das Blaue Band zu erringen. (Foto: Archiv Autor)

Die »Conte di Savoia« war ein italienischer Schnelldampfer, der bei Cantieri Riuniti dell'Adriatico in Triest gebaut wurde, wo sie am 28. Oktober 1931 vom Stapel lief. Auftraggeber war die Reederei Lloyd Sabaudo, die zusammen mit anderen Reedereien 1932 zunächst zur Italia Flotta Riunite mit Sitz in Genua und dann 1937 zur Italia Società Anonima di Navigazione zusammengefasst und fusioniert wurde. Die Italia Line – so die dann übliche Kurzbezeichnung – war mehrheitlich im Besitz des italienischen Staates, der auch mit Subventionen bereits den Bau des Schiffes unterstützt hatte.

Der Schnelldampfer »Conte di Savoia« war mit 48.502 BRT vermessen und hatte eine Länge von 248,25 Meter.

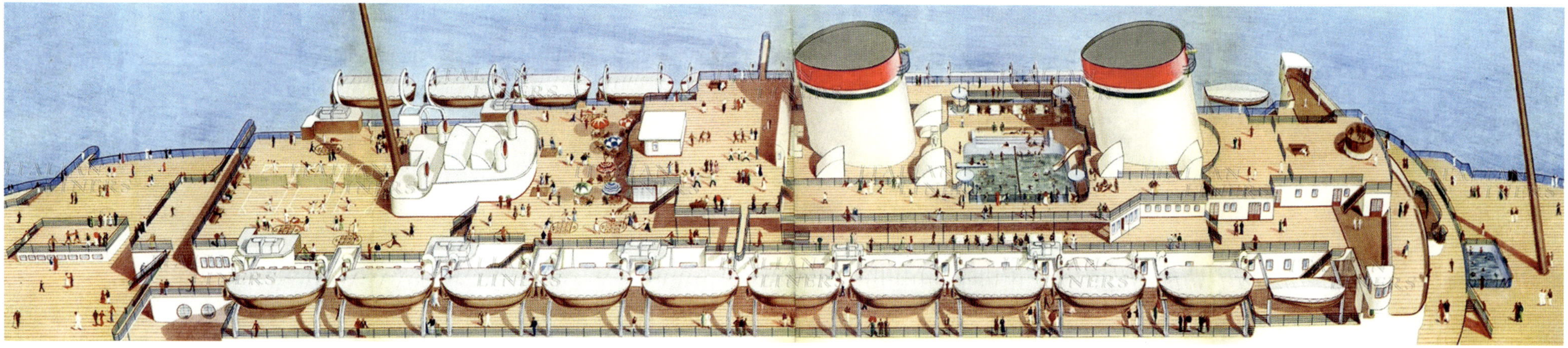

03

04

Er war, obwohl das vielfach zu lesen ist, kein Schwesterschiff zu dem zeitgleich gebauten Schnelldampfer »Rex«.

Der Antrieb erfolgte über vier Getriebeturbinen mit einer maximalen Gesamtleistung von 130.000 PS. Über vier Wellen erreichte das Schiff eine Geschwindigkeit von 27 Knoten.

Eine technische Besonderheit war die eingebaute Stabilisierungsanlage, welche die Rollbewegungen des Schiffes mindern sollte. Ein offenes Freiluft-Schwimmbad war ebenfalls ein besonderes Merkmal der »Conte die Savoia«.

Der große Säulensaal, der Salone Colonna, war hingegen der Stolz des Schiffes und eine komplette Nachbildung des Originals in Rom. Er hatte eine Fläche von 2000 Quadratmetern und war reich mit Skulpturen, Gemälden und Marmorsäulen ausgestattet.

Die Jungfernreise der »Conte di Savoia« nach New York begann am 30. November 1932 in Genua. Trotz seiner recht hohen Geschwindigkeit gelang es dem Schiff jedoch nie das Blaue Band zu erhalten. Allerdings konnte es zumindest einmal eine Durchschnittsgeschwindigkeit erreichen, welche lediglich 0,2 Knoten unter derjenigen der damaligen Inhaberin, der »Rex«, lag.

Bis Anfang 1940 war die »Conte di Savoia« im nordatlantischen Liniendienst der Italia Line eingesetzt. Mit Ausbruch des Zweiten Weltkriegs folgte die Verwendung als Truppentransporter. Bei einem Luftangriff am 11. September 1943 wurde das Schiff versenkt.

Nach Kriegsende konnte 1945 die »Conte di Savoia« gehoben werden. Das Schiff wurde allerdings aus Kostengründen nicht mehr in Stand gesetzt und schließlich 1950 verschrottet.

»Conte di Savoia«

Reederei	*Italia Line, Genua, Italien*
Bauwerft	*Cantieri Riuniti dell'Adriatico, Triest, Italien*
Stapellauf	*28. Oktober 1931*
Vermessung	*48.502 BRT*
Länge / Breite	*248.25 m / 29.28 m*
Besatzungsstärke	*786 Personen*
Passagiere	*500 – 366 – 922 / I. – II. – III. Klasse, 412 Touristenklasse*
Antrieb	*4 x Dampfturbine*
Antriebsleistung	*? PS / 130.000 PS (max.)*
Wellen	*4*
Geschwindigkeit	*27 kn*

05

03 Die Abbildung aus einer Broschüre der **Italia Line** *zeigt den Oberdeckabschnitt der »Conte di Savoia«. (Foto: Archiv Autor)*

04 Illustration der langen, schlanken **»Conte di Savoia«** *an der Pier. (Foto: Archiv Autor)*

05 Die »Conte di Savoia« vor ihrer Jungfernfahrt im **Hafen von Genua.** *(Foto: Archiv Autor)*

06 Die »Conte die Savoia« wurde ab 1950 **abgewrackt**. *(Foto: Archiv Autor)*

06

»Normandie«

SCHWIMMENDES »GRAND HOTEL DE LUXE« IM ART-DÉCO-STIL

01

Nachdem die französische Reederei Compagnie Générale Transatlantique, international auch kurz French Line genannt, weder vor noch nach dem Ersten Weltkrieg mit ihren Schnelldampfern »France« (24.666 BRT, 214,26 m, 42.000 PS, 23 kn) und »Ile de France« (43.500 BRT, 241,35 m, 52.000 PS, 23 kn) das Blaue Band gewinnen konnte, machten die Franzosen Anfang der 1930er Jahre mit dem Bau der »Normandie« einen erneuten und – wie sich zeigen sollte – einen erfolgreichen Versuch. Sie wollten das größte, schnellste und luxuriöseste Passagierschiff der Welt haben. Die deutschen und englischen Rivalen auf der Nordatlantik-Route sollten in die zweite Reihe zurückgewiesen werden.

Die »France« und die »Ile de France« waren zwar schnelle Schiffe, besaßen eine prachtvolle Innenausstattung und waren beim Reisepublikum beliebt, aber ihnen fehlten dann doch die letzten drei entscheidenden Knoten, um der englischen Inhaberin, dem Schnelldampfer »Mauretania« der Cunard Line, die begehrte Trophäe abzujagen. Dies gelang erst im Sommer 1929 dem Schnelldampfer »Bremen« des Norddeutschen Lloyd.

Bei der Werft Chantiers de l'Atlantique in Saint-Nazaire am 26. Januar 1931 auf Kiel gelegt, lief die »Normandie« dort am 29. Oktober 1932 vom Stapel. Der Schiffsrumpf war dabei mit 27.650 Tonnen die bislang größte, jemals an Land bewegte Masse.

Die damalige Weltwirtschaftskrise und das prognostizierte sinkende Aufkommen an Passagieren verzögerten jedoch die eigentlich für 1934 geplante Fertigstellung. Die Arbeiten wurden zwar nie eingestellt, aber im Tempo gedrosselt. So konnte erst im Jahre 1935 die Übernahme des äußerst aufwendig ausgestatteten Ozeanriesen erfolgen, zu dessen Bau der französische Staat mit nicht unerheblichen finanziellen Mittel beigetragen hatte.

Das schwimmende »Grand Hotel de Luxe« war mit 79.280 BRT vermessen und damit das seinerzeit größte und mit 313,75 Meter Länge zugleich auch das längste Schiff der Welt. Erstmals überschritt mit der »Normandie« ein Schiff die 1000-Fuß-Längenmarke. Die formschöne Silhouette der »Normandie« war geprägt von drei groß dimensionierten

02

01 Eine Abbildung der ***»Normandie«*** *aus dem Jahre 1935. (Foto: Internationales Maritimes Museum Hamburg)*

02 Der lange und riesige lichtdurchflutete ***Speisesaal*** *der I. Klasse auf der »Normandie« war legendär. (Foto: Archiv Autor)*

03

04

05

Schornsteinen, die von vorne nach achtern kleiner wurden. Die Schornsteinschächte führten an den Schiffsseiten entlang. Dadurch gewann man im zentralen Innenbereich des Schiffes große Räume. Der hintere dritte Schornstein war nur aus optischen Gründen als Attrappe eingebaut worden. Er diente unter anderem als Zwinger und als Auslauf für die Hunde der Passagiere.

Der turbo-elektrische Antrieb der »Normandie« fand erstmals auf einem Schnelldampfer Anwendung. Er war in einem 170 Meter langen Maschinenraum untergebracht. Mit der Gesamtleistung von 130.000 PS erreichte das Schiff über seine vier Wellen eine Geschwindigkeit von 29 Knoten. Jede Welle wurde von einem Elektro-Fahrmotor angetrieben, der wiederum seine Energie über einen von einer Dampfturbine betriebenen Generator erhielt. Durch diese Schaltung war ein technisch aufwendiges Getriebe, das die hohen Turbinenumdrehungen auf die niedrigeren Wellenumdrehungen umsetzen musste, nicht nötig.

Die Dampferzeugung erfolgte in 29 ölbefeuerten Kesseln. Der Betriebsdruck lag bei 28 bar. Die »Normandie« verbrauchte mit dieser Antriebsanlage bis zu 30 Tonnen Öl pro Stunde. Ihre Kraftstoffbunker fassten 8930 Tonnen Öl. Bei den hohen Fahrtstufen entstanden jedoch spürbare Vibrationen, wie sie auch früher auf vielen der mit Expansionsdampfmaschinen ausgestatteten Schnelldampfern mehr oder weniger an der Tagesordnung waren. Man denke nur an die als »Cocktail Shaker« bezeichnete »Deutschland« der HAPAG. Die Ursache des Problems glaubte man bei dem Turbinenschiff in den drei-flügeligen Propellern gefunden zu haben und wechselte sie durch vier-flügelige aus, was sich dann als erfolgreiche Maßnahme herausstellte und die Erschütterungen beseitigte.

Die im Art-déco-Stil gehaltene Innenausstattung der »Normandie« war aufsehenerregend und extravagant. Insbesondere der riesige lichtdurchflutete Speisesaal des Schiffes war legendär. Riesige Gesellschaftsräume befanden sich an Bord des Schnelldampfers. Es gab Restaurants, Bars, Schwimmbäder, Turnhallen, Bibliotheken und Boutiquen in einer 80 Meter langen Ladenstraße sowie – als absolutes Novum – eine Theaterbühne und einen Schießstand. Das großzügige Raumangebot und die luxuriöse Ausstattung – insbesondere in der I. Klasse – waren beispiellos. Die »Normandie« war auch das einzige Schiff, auf dessen Deck genug an freier Fläche vorhanden war, um für ein Tennisturnier einen vorschriftsmäßigen und den Regeln entsprechenden Spielplatz anzulegen.

Schon auf der Jungfernreise, die am 29. Mai 1935 begann und von Le Havre über Southampton nach New York führte, konnte der Schnelldampfer »Normandie« der Amtsinhaberin des Blauen Bandes, der italienischen »Rex«, mit einer Durchschnittsgeschwindigkeit von 29,98 Knoten die Trophäe entreißen. Wie schon zuvor die »Rex« hatte auch die »Normandie« einen »Ruband Blue«-Wimpel beim Einlaufen in New York vorgeheißt.
Sie musste aber ihren Gewinn schon im Folgejahr an ihre englische Konkurrentin, die »Queen Mary« der Cunard White Star Line, vorübergehend abgeben. Nach der Umrüstung auf einen nochmals optimierten dritten Satz von Propellern holte sich die »Normandie« im August 1937 mit 30,58 Knoten das Blaue Band wieder zurück. Bei dieser Reise war sie das erste Schiff, das den Atlantik unter der bisherigen Vier-Tage-Traumgrenze überquerte. Sie benötigte für die Überfahrt nur drei Tage, 23 Stunden und zwei Minuten.

Die Eleganz und die Vielzahl an Innovationen, die die »Normandie« zu bieten hatte, machten den Schnelldampfer ab

»Normandie«

Reederei	*Compagnie Générale Transatlantique, Le Havre, Frankreich*
Bauwerft	*Chantiers et Ateliers de St. Nazaire, St. Nazaire, Frankreich*
Stapellauf	*29. Oktober 1932*
Vermessung	*79.280 BRT*
Länge / Breite	*313,75 m / 35,93 m*
Besatzungsstärke	*1345 Personen*
Passagiere	*848 – 670 – 454 / I. – II. – III. Klasse*
Antrieb	*4 x Dampfturbine, 4 x Elektro-Fahrmotor*
Antriebsleistung	*130.000 PS / 165.000 PS (max.)*
Wellen	*4*
Geschwindigkeit	*29 kn*
Blaues Band	*30. Mai – 3. Juni 1935 / 29,98 kn, 29. Juli – 2. Aug. 1937 / 30,58 kn*

Mitte der 1930er Jahre sehr schnell zu einem der beliebtesten Schiffe auf der Nordatlantik-Route. Die Welt hatte sich von der Wirtschaftskrise wieder erholt und das Passagiergeschäft war wieder angestiegen. Die »Normandie«, wie auch andere große Passagierschiffe, feierten erneut Triumphe.

Nach 139 Atlantik-Überquerungen lief die »Normandie« Ende August 1939 in New York ein. Wegen der drohenden Kriegsgefahr beließ die Reederei ihr Flaggschiff lieber dort im Hafen, als es auf See den Kriegsgefahren auszusetzen und stellte es außer Dienst.

Nach ihrem Kriegseintritt beschlagnahmten Ende 1941 die USA das Schiff. In »Lafayette« umbenannt, wollte die amerikanische Marine es als Truppentransporter herrichten lassen.

06

07

08

09

03 *Der Schnelldampfer »Normandie«. Man beachte die in ihrer Länge unterschiedlichen drei* **Schornsteine**. *(Foto: Wikipedia / CC-BY-SA 2.0)*

04 *Der Schnelldampfer »Normandie« während seiner* **Bauzeit** *in St. Nazaire auf der Werft Chantiers et Ateliers de St. Nazaire. (Foto: Wikipedia / CC-BY-SA 2.0)*

05 *Der Schnelldampfer »Normandie« während eines Hafenaufenthaltes in* **Le Havre**. *(Foto: Archiv Autor)*

06 *Das* **Schwimmbad** *der I. Klasse auf dem Schnelldampfer »Normandie«. (Foto: Jean Ribéry / CC-BY-SA 3.0)*

07 *Eine* **Luftaufnahme** *der »Normandie«. Man beachte den rauchlosen achteren Schornstein, der nur aus optischen Gründen an Bord war. (Foto: Archiv Autor)*

08 *Der Schnelldampfer »Normandie« auf einer* **Postkartenabbildung.** *(Foto: Archiv Autor)*

09 *Die Schnelldampfer »Normandie«, »Queen Mary« und »Queen Elizabeth« (v.l.n.r.) liegen 1940 ohne Aufgabe gemeinsam im Hafen von New York. Kriegsbedingt war im Nordatlantik der Passagierschiffsverkehr* **zum Erliegen** *gekommen. (Foto: Archiv Autor)*

10

11

12

13

14

10–12 **Werbeplakate** *der Rederei Compagnie Générale Transatlantique – in Kurzform auch French Line – mit Motiven zu dem Schnelldampfer »Normandie«. (Fotos: Archiv Autor)*

13–14 *Die Schnelldampfer* **»France«** *(li) und* **»Ile de France«** *(re) der Reederei Compagnie Générale Transatlantique. (Fotos: G. Clerc-Rampal und Archiv Autor)*

Während der Arbeiten entstand bei Schweißarbeiten am 9. Februar 1942 ein Großbrand, der sich sehr schnell im Schiff ausbreitete und nicht mehr unter Kontrolle zu bringen war.

Infolge des eingepumpten Löschwassers wurde die »Lafayette« instabil und kenterte in der Nacht zum 10. Februar im Hafen von New York. Sie wurde zwar später wieder gehoben, aber aus Kostengründen nicht mehr repariert. Auch ein geplanter Umbau in einen Truppentransporter wurde wieder verworfen. Im Jahre 1946 erfolgte der Verkauf zur Verschrottung des einst schönsten Ozeandampfers aller Zeiten und der einzigen französischen Trägerin des Blauen Bandes. Für die kurze Fahrt zur Abwrackwerft erhielt die ehemalige »Normandie« ihren dritten Namen »Lipsett«.

So wie die »France« vor dem Ersten Weltkrieg und die »Ile de France« in den 1920er Jahren der nationale Stolz Frankreichs waren, so war die »Normandie« in den 1930er Jahren das maritime Aushängeschild der Grande Nation. Sie wurde zu einem nationalen Mythos.

15

16

17

18

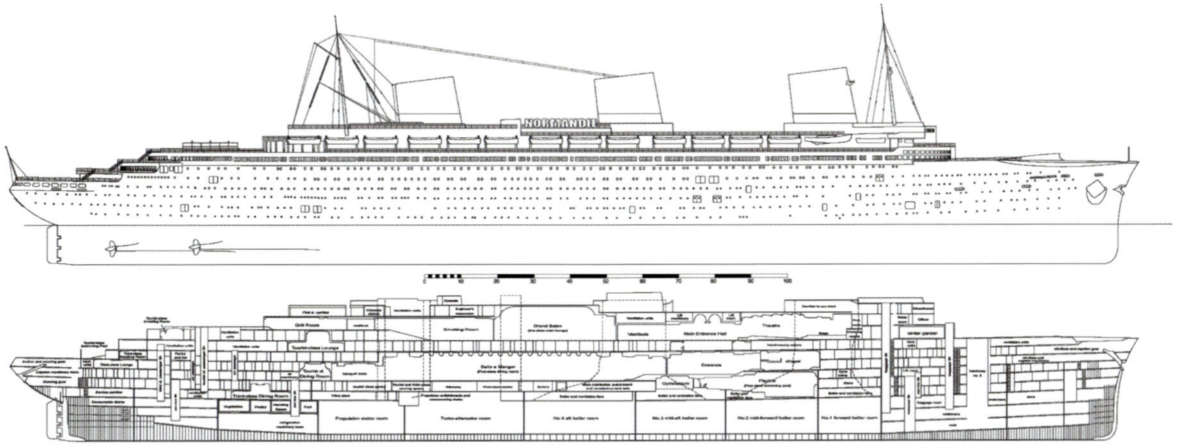

19

15 *Die in* **»Lafayette« umbenannte »Normandie«** *geriet am 9. Februar 1942 im New Yorker Hafen bei Schweißarbeiten in Brand. (Foto: US Government)*

16 *Die schon teilweise* **abgebrochene** *»Lafayette« 1943 im New Yorker Hafen. (Foto: US Navy)*

17 *Das Bild vom August 1943 zeigt die immer noch am Pier 88 gesunkene, im* **New Yorker Hafen** *liegende »Lafayette«. (Foto: US Navy)*

18 *Die ausgebrannte und gekenterte »Lafayette« im* **vereisten New Yorker Hafen**. *(Foto: US Navy)*

19 *Der* **Seitenriss** *des Schnelldampfers »Normandie« lässt die Unterteilung des Schiffes erkennen. (Foto: Nyctopterus / CC-BY-SA 3.0)*

»Queen Mary«

MARITIMES, SEHR NOBLES HOTEL

01

02

01 *Auf der* **Brücke** *des Schnelldampfers »Queen Mary« glänzt, ganz im Stil des traditionellen Schiffbaus, überall Messing. (Foto: Sfoskett / CC-BY-SA 3.0)*

02 *Die* **»Queen Mary«** *an ihrem heutigen Liegeplatz in Long Beach / Kalifornien. (Foto: Stephen Rahn / CC-BY-SA 1.0)*

Für den wöchentlichen Liniendienst auf dem Nordatlantik ließ die englische Cunard Line Ende der 1920er Jahre einen neuen Schnelldampfer entwickeln, da die vorhandenen älteren Einheiten in naher Zukunft des Ersatzes bedurften. Weiterhin wollte man sowohl den beiden deutschen Schiffen »Europa« und »Bremen« als auch den neuen im Zulauf befindlichen italienischen und französischen Passagierschiffen im Nordatlantik-Dienst Konkurrenz machen.

Am 27. Dezember 1930 erfolgte die Kiellegung des neuen Ozeanriesen auf der Werft John Brown & Company in Clydebank bei Glasgow.

Wenige Wochen später fand in St. Nazaire der Baubeginn des französische Schnelldampfers »Normandie« statt. Beide Schiffe sollten in vielerlei Hinsicht harte Konkurrenten auf dem Atlantik und im Kampf um das Blaue Band werden.
In Folge der Wirtschaftskrise verzögerte sich der Bau. Vom Dezember 1931 bis April 1934 war sogar ein Baustopp zu verzeichnen. Wegen der wirtschaftlich schlechten Situation der Reederei, musste die englische Regierung finanzielle Unterstützung leisten. Voraussetzung hierfür war die Fusion mit der White Star Line, dem bisherigen nationalen Konkurrenten, zur Cunard White Star Line.
Der Stapellauf des Schnelldampfers, der den Namen »Queen Mary« erhielt, erfolgte am 26. September 1934.

03

Allerdings konnte erst im Mai 1936 die Abnahme des Schiffes stattfinden. Angeblich sollte zunächst nach alter Cunard-Tradition der Schiffsname auf »ia« enden. Auf Wunsch von König Georg V wurde jedoch mit »Queen Mary« der Name seiner Frau gewählt.

Ebenfalls möglich ist aber auch eine Kompromisslösung, denn die Namen der White Star-Schiffe endeten stets mit »ic«, so dass nach der Fusion der beiden Reedereien ein anderweitiger und kein der jeweiligen Tradition entsprechender Name angebracht war.

Mit einer Vermessung von 80.774 BRT war die »Queen Mary« leicht größer als der Schnelldampfer »Normandie«, aber in der Länge um drei Meter kürzer. Dennoch war sie nun das größte Schiff der Welt.

Die Antriebsanlage des Schnelldampfers bestand aus vier Getriebeturbinen, die eine Gesamtleistung von 158.000 PS aufwiesen. Jede Turbine wirkte auf eine Welle. Damit erreichte das Schiff eine Geschwindigkeit von 29 Knoten.

Die Inneneinrichtung der »Queen Mary« erinnerte an ein maritimes, sehr nobles und bodenständiges Hotel. Zur Jungfernreise von Southampton über Cherbourg nach New York legte der Schnelldampfer am 27. Mai 1936 ab. Bis zu Beginn des Zweiten Weltkriegs blieb das Schiff auf dieser Route im Einsatz.

Im August 1936 konnte die »Queen Mary« mit 30,14 Knoten Geschwindigkeit der »Normandie« das Blaue Band abjagen. Erstmals war ein Schiff mit mehr als 30 Knoten über den Atlantik gebraust. Auch auf der Rückreise hatte sie in der West-Ost-Richtung mit 30,63 Knoten eine Rekordfahrt zu verzeichnen.

Im Juli 1937 dann zwischen den beiden Ozeanriesen das umgekehrte Verfahren. Nun war die »Normandie« mit 30,58 Knoten ein wenig schneller. Doch ein Jahr später, im August 1938, holte sich die »Queen Mary« die Trophäe mit einer Geschwindigkeit von 30,99 Knoten wieder zurück. Die »Mary«, wie das Schiff auch oft liebevoll und stolz genannt wurde, blieb bis zum Juli 1952 Inhaberin der Auszeichnung, die dann danach die »United States« der amerikanischen United States Lines mit 34,51 Knoten erhielt.

Während des Zweiten Weltkrieges kam die »Queen Mary« als Truppentransporter zum Einsatz. Das schnelle Schiff fuhr zumeist alleine ohne Geleitschutz und verließ sich auf

»Queen Mary«

Reederei	*Cunard Line, Liverpool, Großbritannien*
Bauwerft	*John Brown & Company, Clydebank, Großbritannien*
Stapellauf	*26. September 1934*
Vermessung	*80.774 BRT*
Länge / Breite	*310,73 m / 36,14 m*
Besatzungsstärke	*1101 Personen*
Passagiere	*776 – 579 / I. – III. Klasse, 784 – Touristenklasse*
Antrieb	*4 x Dampfturbine*
Antriebsleistung	*158.00 PS / 200.000 PS (max.)*
Wellen	*4*
Geschwindigkeit	*29 kn*
Blaues Band	*20. Aug. – 24. Aug. 1936 / 30,14 kn, 4. Aug. – 8. Aug. 1938 / 30,99 kn*

04

05

06

03 Die **Schnittzeichnung** *des Schnelldampfers »Queen Mary« zeigt die Innenaufteilung des Schiffes. (Foto: Bibliothek für Zeitgeschichte)*

04 Ein **Kofferanhänger** *wie er auch bei Reisen auf der »Queen Mary« Verwendung fand. (Foto: Cunard Line)*

05 Eine **Luftaufnahme** *des Schnelldampfers »Queen Mary«. (Foto: Bibliothek für Zeitgeschichte)*

06 Der **Speisesaal** *der I. Klasse während der Zeit als Truppentransporter. (Foto: Royal Navy)*

07

08

09

seine Geschwindigkeit als bestes Mittel gegen die U-Bootgefahr und hatte damit immer Glück. Auf einem Törn konnte die »Queen Mary« bis zu 15.000 Soldaten mitnehmen.

Während dieser Fahrten kam es im Oktober 1942 etwa 20 Seemeilen nordwestlich der irischen Küste zu einem tragischen Unglück. Der Flak-Kreuzer »Curacoa« sollte die von den USA kommende »Queen Mary« auf ihrer letzten Wegstrecke als Sicherungsfahrzeug begleiten. Bei der durchgeführten Eskorte geriet der Kreuzer vor den Bug des Höchstfahrt laufenden Schnelldampfers, wurde gerammt und in zwei Teile zerschnitten. Von der Besatzung der gesunkenen »Curacoa« konnten nur 101 Mann gerettet werden, 338 fanden den Tod. Die »Queen Mary« kam bei der Havarie glimpflich davon und hatte Dank ihres für die Fahrt in Eisfeldern stabil konstruierten Vorschiffs – man denke an die »Titanic« – nur einen eingedrückten und gebrochenen Vorsteven, was in der Werft ausgebessert werden musste.

Nach dem Krieg nahm der Schnelldampfer nach einer Generalüberholung den Liniendienst über den Nordatlantik wieder auf. Zunächst war das wirtschaftlich eine gute Zeit. Doch Ende der 1950er Jahre war der Boom vorbei. Das Flugzeug hatte die Marktführerschaft im Personentransport über den Atlantik übernommen. Die Cunard Line, wie die Reederei jetzt wieder hieß, musste hohe Verluste im Betrieb des Schiffes hinnehmen. Im Jahre 1967 stellte die »Queen Mary«, die 1001 Überfahrten von Großbritannien nach New York gemacht haben soll, außer Dienst.
Die Stadt Long Beach kaufte den ausgemusterten Ozeanriesen und ließ ihn als Luxushotel und schwimmendes Museum umbauen. Als Touristenattraktion liegt der ehemalige Schnelldampfer seither im dortigen Hafen an der Pier. Im Jahre 1993 wurde die »Queen Mary«, die nun auch respektvoll »Grand Old Lady« genannt wird, in das »National Register of Historic Places« aufgenommen.

Der Name »Queen Mary« ist aber nicht von den Meeren verschwunden. Auf der französischen Werft Chantiers de l'Atlantique in Saint-Nazaire, das ist der heutige Name der Werft, auf der auch die ehemalige Konkurrentin der »Queen Mary«, die »Normandie«, gebaut wurde, erfolgte am 4. Juli 2002 die Kiellegung der »Queen Mary 2«. Seit 2004 ist sie als Kreuzfahrtschiff unterwegs. Sie hat eine Länge von 345 Meter und ist mit 151.400 BRZ vermessen. Damit war sie damals weltweit das größte Kreuzfahrtschiff.

10

An Geschwindigkeit kommt das neue Flaggschiff der Cunard Line auf 30 Knoten.

Das große Kreuzfahrtschiff musste seinerzeit in Frankreich gebaut werden, weil nur dort ein entsprechend großes Baudock vorhanden ist in dem man die vorgefertigten Schiffsektionen zusammenfügen konnte. Für Instandsetzungen und Modernisierungen nutzt die noch in Fahrt befindliche »Queen Mary 2« häufig das bei der Werft Blohm+Voss in Hamburg zur Verfügung stehende große Trockendock Elbe 17.

11

12

13

07 Ein **Verbindungsgang** im Bereich der I. Klasse. (Foto: Jeffeby)

08 Der **Grand Salon** auf der »Queen Mary«. (Foto: Wikipedia / CC-BY-SA 2.0)

09 Einfach aber dennoch stilvoll eingerichtet. Eine **Kabine** auf der »Queen Mary«. (Foto: David Krieger / CC-BY-SA 2.0)

10 Im Bereich der I. Klasse luden auf der »Queen Mary« zahlreiche **Läden** zum Einkaufen ein. (Foto: Justin Ennis / CC-BY-SA 2.0)

11 Die **Rettungsboote** an der Backbordseite der »Queen Mary«. (Foto: JD Lasica / CC-BY-SA 2.0)

12 **Schornsteine und Belüftungsschächte** auf der »Queen Mary«. (Foto: Sfoskett / CC-BY-SA 3.0)

13 Das Kreuzfahrtschiff »Queen Mary 2« im Juni 2016 bei einer Überholung im **Trockendock** Elbe 17 der Hamburger Werft Blohm+Voss. (Foto: Hans Karr)

14

15

16

17

18

19

14 Der Schnelldampfer »Queen Mary« bei seiner **Ankunft in New York** *am 20. Juni 1945. Das Schiff hatte auf dieser Reise amerikanische Soldaten von Europa nach den USA zurückgebracht. (Foto: US Navy)*

15 Eine **Luftaufnahme** *der »Queen Mary« an ihrem heutigen Liegeplatz in Long Beach / Kalifornien. (Foto: John Murphy / CC-BY-SA 2.0)*

16 Die »Queen Mary« bei Nacht in **Illuminationsbeleuchtung.** *(Foto: Steve Jurvetson / CC-BY-SA 2.0)*

17 Der Flak-Kreuzer **»Curacao«** *sank am 2. Oktober 1942 nach einer Kollision mit der »Queen Mary«. (Foto: US Navy)*

18 Der Schnelldampfer »Queen Mary« an seinem **heutigen Liegeplatz** *in Long Beach / Kalifornien. Vor dem Ozeanriesen liegt als Museumsschiff ein russisches U-Boot aus dem Kalten Krieg, das der »Foxtrott«-Klasse angehört. (Foto: Sfoskett / CC-BY-SA 3.0)*

19 Das **neue Kreuzfahrtschiff »Queen Mary 2«** *passiert im Februar 2006 den an seinem Liegeplatz in Long Beach / Kalifornien liegenden ehemaligen Schnelldampfer »Queen Mary«. (Foto: Jimijames / CC-BY-SA 2.5)*

»Queen Elizabeth«

»QUEEN MARY« DREI UND »QUEEN ELIZABETH« ZWEI SCHORNSTEINE

01

02

03

Vor dem Zweiten Weltkrieg war der Schnelldampfer »Queen Elizabeth« nach der »Queen Mary« der zweite große Passagierschiffneubau der Cunard White Star Line. Sein Bau erfolgte ebenfalls auf der Werft John Brown & Company in Clydebank bei Glasgow. Auch hier griff die britische Regierung tief in ihre Taschen und subventionierte in der wirtschaftlich schwierigen Zeit mit fünf Millionen Pfund den Schiffsneubau. Der Stapellauf fand am 27. September 1938 statt.

Mit 83.673 BRT war die »Queen Elizabeth« nicht nur etwas größer als die »Queen Mary« und nun das seinerzeit größte Schiff der Welt. Bei den Passagierschiffen hielt sie diesen Rekord bis in die 1990er Jahre.

Die Antriebsanlage der »Queen Elizabeth« bestand wie bei der »Queen Mary« aus vier Getriebeturbinen, die zusammen eine Leistung von 158.000 PS hatten. Auf die vier Wellen verteilt ergab das eine Geschwindigkeit von 29 Knoten.

01 Die ***»Queen Elizabeth«*** *läuft aus New York aus. (Foto: Louis Gardella)*

02 Der Schnelldampfer »Queen Elizabeth« vor der ***Skyline*** *von New York. (Foto: Archiv Autor)*

03 Die »Queen Elizabeth« im Juni 1966 beim ***Eindocken*** *in ein Trockendock. (Foto: Ian Taylor / CC-BY-SA 2.0)*

04

In der Anzahl der Schornsteine – »Queen Mary« drei und »Queen Elizabeth« zwei – konnte man die beiden auf den ersten Blick ähnlich aussehenden Schiffe schon auf großer Distanz deutlich unterscheiden.

Bis Anfang 1940 war das Schiff so halbwegs fertiggestellt. Kriegsbedingt stand keine zivile Nutzung in Aussicht. Die Übergabe an die Reederei fand ohne Abnahmefahrt statt. Die Jungfernreise, wenn man das überhaupt so nennen darf, kam einer Flucht gleich und begann am 2. März 1940 in dem am Ausgang des Clyde-Flusses gelegenen Städtchen Gourock. Sie führte das Schiff nach New York. Das Auslaufen wurde streng geheim gehalten, selbst der Lotse erfuhr erst an Bord, dass er die gesamte Reise mitmachen müsse. Passagiere waren keine an Bord und die Besatzung war auf ein Drittel reduziert. Das Einlaufen in New York wurde auf Wunsch der Reederei nicht groß in der Presse erwähnt oder gar gefeiert.

04 Der Schnelldampfer »Queen Elizabeth« mit **rauschender Bugwelle** *bei voller Fahrt. (Foto: Bibliothek für Zeitgeschichte)*

05 Schnelldampfer **»Queen Elizabeth«.** *(Foto: Bibliothek für Zeitgeschichte)*

06 Der Schnelldampfer »Queen Elizabeth« bei einem **Hafenaufenthalt in Cherbourg**. *Längsseits liegen Tenderschiffe, die vermutlich neue Passagiere bringen oder abholen bzw. anderweitige Versorgungsaufgaben erledigen. (Foto: Roland Godefroy / CC-BY-SA 3.0)*

»Queen Elizabeth«

Reederei	*Cunard Line, Liverpool, Großbritannien*
Bauwerft	*John Brown & Company, Clydebank, Großbritannien*
Stapellauf	*27. September 1938*
Vermessung	*83.673 BRT*
Länge / Breite	*314,25 m / 36,00 m*
Besatzungsstärke	*1296 Personen*
Passagiere	*823 – 662 / I. – III. Klasse, 798 Touristenklasse*
Antrieb	*4 x Dampfturbine*
Antriebsleistung	*158.000 PS / 200.000 PS (max.)*
Wellen	*4*
Geschwindigkeit	*29 kn*

05

Das Schiff war aber – wie schon erwähnt – noch nicht komplett ausgerüstet. Sozusagen im Rohbau hatte es den Atlantik überquert. Aus Neutralitätsgründen wurde die »Queen Elizabeth« in New York nur insofern weiter gebaut, dass sie richtig seetüchtig wurde, um dann anschließend im australischen Sydney zum Truppentransporter ausgerüstet zu werden. Am 13. November 1940 lief das Schiff nachts heimlich aus New York aus und verlegte durch den Südatlantik via Kapstadt nach Singapur. Dort erhielt es schon einmal eine Bewaffnung von mehreren altmodischen Fugabwehr-Geschützen eingebaut und die Maschinenanlage wurde überholt. Im Februar ging die Reise weiter nach Sydney zur Endausrüstung als Truppentransporter, die dann im April 1941 abgeschlossen war.

06

07

Genau wie die »Queen Mary« fuhr nun auch die »Queen Elizabeth« als Truppentransporter im Kriegseinsatz über die Weltmeere. Rund 15.000 Soldaten konnten für eine Reise eingeschifft und transportiert werden. Insgesamt soll sie 811.000 Soldaten über insgesamt 493.000 Seemeilen befördert haben. Auf Grund der großen Geschwindigkeit waren beide »Queens« relativ sicher vor U-Booten und fuhren deshalb ohne Geleitschutz.

Nach dem Krieg – wieder zu »richtigen« Passagierschiffen zurückgebaut – dominierten die beiden »Queens« dann im Liniendienst den transatlantischen Personenverkehr bis das schnellere Flugzeug Ende der 1950er Jahre die großen Passagierschiffe als Hauptreisemittel ablöste und für diese ein rentabler Einsatz nicht mehr möglich war.

Durch Modernisierung und Umbau zum reinen Kreuzfahrtschiff wollte man die »Queen Elizabeth« im Dienst halten, doch für diesen Zweck erwies sich das Schiff damals als noch zu groß. Der Reederei blieb 1968 nur der Verkauf übrig, denn ein Gewinn war mit dem Schiff nicht mehr zu erzielen.

In »Elizabeth« umbenannt, wurde es in Florida als Hotelschiff und Touristenattraktion genutzt. Doch auch hier schrieb der ehemalige Schnelldampfer rote Zahlen. Nach der Stilllegung kam es zum abermaligen Verkauf, dieses Mal nach Hongkong. Unter dem Namen »Seawise University« sollte er jetzt eine schwimmende Universität werden.

Kurz vor Beendigung der Umbauarbeiten wurde die ehemalige »Queen Elizabeth« am 9. Januar 1972 durch ein Feuer schwer in Mitleidenschaft gezogen. Die große Menge an Löschwasser ließ das Schiff schließlich im Hafen kentern. Als Ursache für das Feuer wird Brandstiftung angenommen. Der Abbruch des ausgebrannten Wracks erfolgte dann ab 1975.

Das Passagierschiff »Queen Elizabeth 2« wurde als Ersatz für die außer Diernst gestellten »Queen Mary« und »Queen Elizabeth« von der Cunard Line geordert. Sie war mit 65.853 BRT nicht so gigantisch wie diese beiden, wird aber als »ein Schiff von angemessener Eleganz und wahrscheinlich das schönste jemals für diese Reederei gebaute« Schiff bezeichnet. Am 20. September 1967 lief die »Queen Elizabeth 2« vom Stapel. Bauwerft war wieder die John Brown & Company in Clydebank bei Glasgow. Bis 1972 war sie im nordatlantischen Linienverkehr im Einsatz und dann bis 2008 als Kreuzfahrtschiff für die Cunard Line unterwegs.

Mit der »Queen Elizabeth« entstand 2009 / 2010 eine dritte Namensträgerin. Die Kreuzfahrtbranche versprach gute Rendite und ein Neubau schien sich zu lohnen. Die Cunard Line vergab den Bauauftrag für das mit 290.900 BRZ vermessene und 294 Meter lange Schiff nach Italien an die Werft Fincantieri in Monfalcone bei Triest. Am 12. Oktober 2010 startete es zur Jungfernreise, die in einem Buchungsrekord schon nach einer halben Stunde nach Verkaufsbeginn ausverkauft war. Rund 2070 Passagiere kann die neue »Queen Elizabeth« mitnehmen, die im Stil ihrer Inneneinrichtung ganz auf die 1920er und 1930er Jahre ausgerichtet ist.

07 Der Schnelldampfer ***»Queen Elizabeth«*** *auf einer zeitgenössischen Postkarte. (Foto: Archiv Autor)*

08 Das Kreuzfahrtschiff und neue »Queen Elizabeth« im Mai 2018 im ***Hafen von Hamburg****. (Foto: Hans Karr)*

08

09

10

09 Die **»Queen Elizabeth«** *im Hafen von Southampton. (Foto: Lindemann97 / CC-BY-SA 4.0)*

10 Das Foto zeigt die »Queen Elizabeth« im Juli 1942 bei der **Ausschiffung britischer Truppen**. *(Foto: Archiv Autor)*

11

12

13

11 Das Passagierschiff **»Queen Elizabeth 2«** *bei einem Hamburg-Besuch auf der Elbe vor den St. Pauli Landungsbrücken. (Foto: Seebeer)*

12 Die »Queen Elizabeth« vor der im Dunst fast verschwindenden **Skyline von New York**. *(Foto: Jongleur100 / CC-BY-SA 3.0)*

13 Das in **Hongkong** *ausgebrannte und gekenterte Wrack der »Seawise University« ex »Queen Elizabeth«. (Foto: Barry Loigman / CC-BY-SA 2,5)*

»United States«

LUXUS, KOMFORT, GESCHWINDIGKEIT UND NIEDERER TREIBSTOFFVERBRAUCH

01

02

03

04

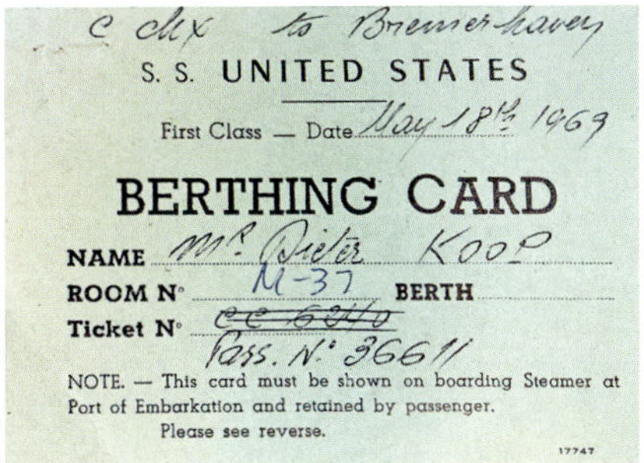

S. S. UNITED STATES

First Class — Date May 18th 1969

BERTHING CARD

NAME Mr. Dieter Koop

ROOM Nº M-37 BERTH

Ticket Nº

Pass. Nº 36611

NOTE. — This card must be shown on boarding Steamer at Port of Embarkation and retained by passenger.
Please see reverse.

05

01 *Der Schnelldampfer* **»United States«** *wird beim Manövrieren durch zwei Schlepper unterstützt. (Foto: Internationales Maritimes Museum Hamburg)*

02 *Das* **Sonnendeck** *unter den Rettungsbooten. (Foto: Wikipedia / CC-BY-SA 3.0)*

03 **Pier und Schiff** *sind bei Nacht gut ausgeleuchtet. (Foto: Internationales Maritimes Museum Hamburg)*

04 *Auf dem* **Bootsmannstuhl** *in luftiger Höhe bei Malerarbeiten an der Bugspitze. (Foto: Gerd Timme)*

05 *Eine* **Bordkarte** *der United States Lines für eine Fahrt in der I. Klasse der »United States« von New York nach Bremerhaven. (Foto: Archiv Autor)*

Ende der 1940er Jahre wollte man in den USA auch teilhaben an dem sich wieder sehr lukrativ entwickelnden Geschäft mit dem Passagierverkehr über den Nordatlantik, das sich, neben verschiedenen ausländischen Passagierschiffen, insbesondere die englische »Queen Mary« und »Queen Elizabeth« anschickten, zu teilen. Zudem war man beeindruckt von den Leistungen der beiden englischen Schnelldampfer-Queens, die im Zweiten Weltkrieg sehr effektiv als Truppentransporter eingesetzt waren.

In enger Kooperation zwischen der Reederei United States Lines und dem amerikanischen Verteidigungsministerium entstanden dann die Pläne zum Bau eines eigenen nationalen Passagierschiffes. Es sollte ein schwimmender Palast entstehen, der sowohl um die 2000 Passagiere oder im Bedarfsfall als Truppentransporter 14.000 Soldaten unterbringen konnte. Eine alternative Verwendung als Lazarettschiff wurde ebenfalls angedacht. Von den 77 Millionen US-Dollar an Baukosten finanzierte das Pentagon für seine Wünsche und Vorbehalte allein 45 Millionen. Das Ergebnis war ein Schiff, das eine Synthese aus Luxus, Komfort, Technologie, Geschwindigkeit und niederem Treibstoffverbrauch darstellte.

Als Passagierschiff »United States« entstand dann zu Anfang der 1950er Jahre bei Newport News Shipbuilding in Newport News / Virginia dieses vom amerikanischen Staat subventionierte Wunschschiff. Es besaß zahlreiche wasserdichte Abteilungen sowie Längs- und Querschotten und war widerstandsfähig gegenüber Beschädigungen des Schiffskörpers. Bei den Abmessungen wurden die Panamax-Standard-Werte eingehalten, um bei militärischer Notwendigkeit die Verlegefähigkeit nicht einzuschränken.

Am 23. Juni 1951 schwamm die »United States« im Baudock auf. Einen konventionellen Stapellauf gab es nicht. Das Schiff passte auf keinen Helgen.

06

07

08

09

Mit 53.329 BRT vermessen war die »United States« wesentlich kleiner als zum Beispiel die englischen »Queens« oder die französische »Normandie«, doch mit 173.000 PS Maschinenleistung wiederum ein wahrer Gigant. Mit vier Getriebeturbinen erreichte das Schiff über vier Wellen damit die Geschwindigkeit von über 35 Knoten. Auf Grund der vorgesehen militärischen Verwendung des Schnelldampfers war aber die wahre Höchstgeschwindigkeit top-secret; ebenso die maximale Maschinenleistung. Auf geheimen Messfahrten sollen 42 Knoten erzielt worden sein.

Auf der Rückfahrt von der Jungfernreise, die am 3. Juli 1952 begann und von New York nach Southampton führte, holte sich der Neubau mit einer Geschwindigkeit von 34,51 Knoten im Juli 1952 das Blaue Band. Auf der Hinfahrt, also in der »falschen« West-Ost-Richtung, die für das Blaue Band nicht zählte, fuhr die »United States« wenige Tage zuvor sogar 35,59 Knoten.

Damit brach das Schiff mit deutlichem Abstand alle bisherigen Rekorde. Die langjährige Inhaberin der Trophäe, die englische »Queen Mary« der Cunard White Star Line hatte 1938 »nur« 30,99 Knoten vorweisen können. Die »United States« sollte die letzte Trägerin dieser so begehrten Auszeichnung werden. Die Geschichte des Blauen Bandes ist damit abgeschlossen. Eine neue Herausforderin gab es nicht mehr. Der Geschwindigkeitsrekord der »United States« für das schnellste Schiff das mit bezahlenden Passagieren den Nordatlantik auf der Route von Ost nach West überquerte besteht aber noch heute.

Nach anfänglichen Erfolgen im nordatlantischen Liniendienst fiel auch dieses schnelle Schiff der noch schnelleren und auch billigeren Flugzeugkonkurrenz zum Opfer. Die Zahl der Passagiere sank rapide. Mit Staatsgeldern wurde der Betrieb der »United States« zunächst aufrechterhalten.

»United States«

Reederei	*United States Lines, New York, USA*
Bauwerft	*Newport News Shipbuilding, Newport News, USA*
Stapellauf	*23. Juni 1951*
Vermessung	*53.329 BRT*
Länge / Breite	*301,76 m / 30,97 m*
Besatzungsstärke	*1093 Personen*
Passagiere	*871 – 508 / I. – III. Klasse, 549 Touristenklasse*
Antrieb	*4 x Dampfturbine*
Antriebsleistung	*173.000 PS / 242.000 PS (max.)*
Wellen	*4*
Geschwindigkeit	*35+ kn*
Blaues Band	*11. Juli – 15. Juli 1952 / 34,51 kn*

10

11

12

06 Der Schnelldampfer »United States« bei scheinbar **Voller Fahrt Voraus**. *(Foto: Bibliothek für Zeitgeschichte)*

07 Eine **Gemäldedarstellung** *der »United States« auf einer zeitgenössischen Postkarte der 1950er Jahren. (Foto: JAGRAFXWIK / CC-BY-SA 4.0)*

08 Die **aufliegende** *»United States« im Jahre 2006. (Foto: Archiv Autor)*

09 Die aufliegende »United States« in einem nicht gerade einladenden **Zustand**. *(Foto: Rickyar Richard)*

10 Eine Aufnahme der **»United States«** *aus dem Jahre 1952. (Foto: Archiv Autor)*

11 Der Schnelldampfer »United States« hatte eine elegante **Linienführung**. *(Foto: Internationales Maritimes Museum Hamburg)*

12 **Mehr Wrack als Schiff**. *Der Schnelldampfer »United States«, der einstige Stolz der USA, im Oktober 1989 als Pierlieger. (Foto: René Beauchamp / CC-BY-SA 4.0)*

13

14

15

Als Truppentransporter wurde sie allerdings nie genutzt. Ende 1969 kam dann das Aus für die »United States«. Verschrottet wurde sie nicht, aber etwas Rechtes mit ihr anzufangen, das wusste auch niemand. Der Schnelldampfer wurde erst mal aufgelegt.

Im Jahre 1973 kaufte die U.S. Maritime Administration das Schiff, das aber weiterhin aufgelegt blieb. Mehrfach wurde es zum Kauf angeboten, allerdings unter der Bedingung, dass die »United States« unter amerikanischer Flagge bleibt.

In den Jahren 1983 / 1984 wollte eine amerikanische Reederei das Schiff zum Kreuzfahrtschiff umbauen. Den Zuschlag für diese Arbeiten erhielten die Howaldtswerke in Kiel.

Doch schon ein Jahr später zog sich der amerikanische Eigner wegen unzureichender Finanzierung aus dem Vorhaben wieder zurück.

Im Jahre 1992 wurde die »United States« an eine türkische Reederei verkauft, die das Schiff zum Kreuzfahrtschiff umbauen wollte und wurde nach Istanbul geschleppt. Sie kam aber 1996 schon wieder zurück in die USA, um jetzt verschrottet zu werden, was aber dann doch nicht geschah. Das Schiff liegt seither in Philadelphia / Pennsylvania als Auflieger.
Die Norwegian Cruise Line erwarb 2003 die »United States« mit der Absicht, eine vollständige Restaurierung durchzuführen und sie unter amerikanischer Flagge in ihren Hawaii-Dienst einzubinden.

13 Die »United States« **als Pierlieger**. *(Foto: Internationales Maritimes Museum Hamburg)*

14 Die Schwarz-Weiß-Aufnahme der »United States« vertuscht so manchen **Rostflecken** *auf dem Ozeanriesen. (Foto: Michael Muchmore / CC-BY-SA 4.0)*

15 Einen traurigen Anblick bietet die »United States« im Februar 2012 in Philadelphia. Der Glanz vergangener Tage und einer **vergangenen Ära** *ist vorbei. (Foto: Smallbones / CC-BY-SA 1.0)*

16

16 Der Glanz der frühen Jahre ist wohl endgültig vorbei. Die »United States« im Juli 2017 auf ihrem **Liegeplatz** in Philadelphia. (Foto: Brian W. Schaller / CC-BY-SA 3.0)

17 Eine **Heck-Aufnahme** vom aufliegenden und ziemlich heruntergekommen ehemaligen Schnelldampfer »United States« (Foto: Chris Guest / CC-BY-SA 3-0)

Entgegen dieser Ankündigung fanden jedoch keine entsprechenden Maßnahmen statt. Es drohte wieder mal die Verschrottung.
Nach einer öffentlichen Kampagne zur Rettung des Ozeanriesen wurde eine Gruppe von Idealisten aktiv. Die »United States« sollte als ein nationales maritimes Denkmal erhalten bleiben. Geplant war eine Kombination aus Hotel-, Museums- und Kulturschiff. Aus Spendengeldern konnte die hierfür gegründete »United States Conservancy« das Schiff im Februar 2011 erwerben. Doch auch dieses Projekt kam bislang nicht so richtig voran.

Im Oktober 2015 verdichteten sich dann wieder die Aussagen, dass die Verschrottung unmittelbar bevorstünde, denn selbst die Gebühren für den Liegeplatz in Philadelphia waren wegen des Rückgangs der Spendengelder durch die Gruppe nur noch schwierig aufzubringen. Von einem Ausbau des Schiffes konnte schon gar nicht mehr die Rede sein.

Im Dezember 2018 wurde scheinbar erneut ein Partner gefunden, welcher helfen könnte, das Schiff in der oben genannten zukünftigen Verwendung zu erhalten.

Hierbei handelt es sich um das New Yorker Immobilienunternehmen RXR Realty. Ausbaupläne sollen schon ausgearbeitet sein. Hinsichtlich des Liegeplatzes ist man noch auf der Suche. Unter den verschiedenen hierfür in Frage kommenden amerikanischen Küstenstädten wird auch New York genannt.

Wie es mit der auch häufig als »Big U« bezeichneten fast 70-jährigen »United States«, dem letzten klassischen Schnelldampfer, wirklich weiter gehen wird, bleibt abzuwarten.

UNITED STATES
NEW YORK

COMPAGNIE GÉNÉRALE TRANSATLANTIQUE
French Line

QUELLENNACHWEIS

Ballard, Robert D.
Das Geheimnis der LUSITANIA – Eine Schiffskatastrophe verändert die Welt, Berlin, 1995

Das Geheimnis der TITANIC 3800 m unter Wasser, Berlin, 1987

Ballard, Robert D. / Archbold, Rick
Lost Liners – Von der TITANIC zur ANDREA DORIA, München, 1997

Baumann, Peter
Das Blaue Band – Triumphe und Schicksale der Passagier-Schiffahrt, Spreitenbach, 1972

Bertram, Georg
Aus der Zeit der großen Schnelldampfer – Mit der Größe wuchsen auch die Probleme, Bremen, 1997

Blumenschein, Ulrich
Luxusliner – Glanz und Ende der großen Passagierschiffe des Atlantiks, Oldenburg, 1975

Brennecke, Jochen
Luxusliner BREMEN brennt!, Herford, 1973

Donzel, Catherine
Legendäre Ozeanreisen – Die große Zeit der Passagierschiffe 1850 bis 1930, München, 2006

Dudszus, Alfred / Köpcke, Alfred
Das große Buch der Schiffstypen Band 2, Berlin, 1990

Eaton, John P. / Haas, Charles
TITANIC – Legende und Wahrheit, Königswinter, 1997

Eichler, Klaus
ALBERT BALLIN – Vater – Unternehmer – Visionär, Hamburg, 2018

Gibbons, Tony (Hrsg.)
Die Welt der Schiffe – Von den Anfängen bis zur Gegenwart, München, 2007

Graham, Ian
50 Schiffe, die unsere Welt veränderten, Bern, 2018

Hansen, Broder
Die deutschen Passagierschiffe 1816–990, Gräfelfing, 1990

Hughes, Tom
Der Kampf ums Blaue Band, Oldenburg, 1973

Karr, Hans
Die berühmtesten Schiffe des 20. Jahrhunderts – Die man kennen muss, Stuttgart, 2018

Kludas, Arnold
Das Blaue Band des Nordatlantiks – Mythos eines legendären Wettbewerbs, Hamburg, 1999

Deutsche Ozean-Passagierschiffe 1850 bis 1895, Moers, 1983

Die glanzvolle Ära der Luxusschiffe, Hamburg, 2005

Die großen deutschen Passagierschiffe, Oldenburg, 1971

Die großen Passagierschiffe der Welt, Herford, 1987

Die Schnelldampfer BREMEN und EUROPA – Höhepunkt und Ausklang einer Epoche, Hamburg, 1993

Vergnügungsreisen zur See – Eine Geschichte der deutschen Kreuzfahrt Band 1: 1889–1939, Hamburg, 2001

Lavery, Brian
Schiffe – 5000 Jahre Seefahrt, München, 2012

Maddocks, Melvin
Die großen Passagierschiffe, Eltville, 1992

Maxtone-Graham, John
Der Weg über den Atlantik – Die einzige Verbindung zwischen Europa und Amerika, München, 1998

O´Sullivan, Patrick
Die LUSITANIA – Mythos und Wirklichkeit, Hamburg, 1999

Rothe, Claus
Deutsche Ozean-Passagierschiffe 1896 bis 1918, Moers, 1986

Deutsche Ozean-Passagierschiffe 1919 bis 1985, Moers. 1987

Deutsche Passagier-Liner des 20. Jahrhunderts, Hamburg, 1997

Rothe, Claus / Schröder, Jürgen
Die deutschen Traumschiffe, Hamburg, 1997

Schwerdtner, Nils
Die Queens des Nordatlantiks, Hamburg, 2003

Simpson, Collin
Die LUSITANIA, Frankfurt, 1973

Thiel, Ingo
Die neuen Cunard Schiffe, Hamburg, 2011

Tibballs, Geoff
TITANIC – Der Mythos des unsinkbaren Luxusliners, Bindlach, 1997

Urban, Eberhard
Dampfschiffe – Von den Anfängen bis zu den Nostalgiedampfern heute, Köln, o.J.

Völker, Thies
Lexikon berühmter Schiffe, München, 2005

Warnecke, Hans-Jürgen
Schiffsantriebe – 5000 Jahre Innovation, Hamburg, 2005

Wiese, Eigel
Giganten der Meere – Die größten Passagierschiffe der Welt, Hamburg, 2008

TITANIC – Vier Tage bis zur Unsterblichkeit, Hamburg, 2012

Witthöft, Hans Jürgen
Ballins dicke Dampfer – IMPERATOR – VATERLAND – BISMARCK, Herford, 1974

Gebaut bei Blohm+Voss, Hamburg, 2004

HAPAG Hamburg-Amerika Linie, Hamburg, 1997

Norddeutscher Lloyd, Hamburg, 1997

Tradition und Fortschritt – 125 Jahre Blohm+Voss, Hamburg, 2002

BallinStadt das Auswanderermuseum, Broschüre, Hamburg, o.J.

Köhlers Flotten-Kalender, Hamburg, div. Jgg.

Schiffe – Segelschiffe, Kriegsschiffe, Passagier- und Handelsschiffe, Fränkisch-Crumbach, 2016

Stallings maritimes Jahrbuch 1975/1976, Oldenburg, 1975

Wikipedia – Die freie Enzyklopädie – https://www.wikipedia.de/

VON OST NACH WEST – DAS ZIEL:

New York

Freiheitsstatue, New York, USA.
(Foto: JJ Mendez / Unsplash)